E. DRINCOURT

CHIMIE

Première C.D.

Librairie Armand Colin.

CHIMIE

Première C. D.

Première C. D.

PAR

E. DRINCOURT

Agrégé des Sciences Physiques et Naturelles
Professeur au Collège Rollin.

Paris

LIBRAIRIE ARMAND COLIN

5, Rue de Mézières

1903

CLASSE DE PREMIÈRE

SECTIONS C ET D

PROGRAMMES OFFICIELS DU 31 MAI 1902.

CHIMIE

(Les numéros correspondent aux paragraphes du présent ouvrage).

Fer [1], fontes, aciers (1 à 16).

Aluminium (17), alumine (21), sulfate d'aluminium (25), aluns (26); isomorphisme (30).

Argiles (32), kaolin (34), porcelaine (37).

Cuivre et alliages (43). — Sulfate de cuivre (52).

Argent (53) et or (64). — Alliages monétaires (63 et 67).

Chimie organique.

Substances organiques (69). — Substances organisées (69).

Analyse qualitative des éléments qui entrent dans une substance organique (71).

Carbures d'hydrogène (73). — Méthane (75) et éthane (79) : pétroles (80). — Éthylène (83), acétylène (86). — Gaz de l'éclairage (92). — Benzine (101), naphtaline (105). — Séries homologues (73).

Produits de substitution et d'addition halogénés (88). — Chloroforme (89), iodoforme (90), chlorure d'éthylène (91).

Alcool méthylique (114), alcool éthylique (117); fermentation alcoolique (121). — Fonction alcool (116).

Acide acétique, distillation du bois (140), acides gras (148). — Fonction acide (149).

Éthers-sels (135).

Glycérine (141), corps gras (145), bougies et savons (159 à 167).

Saccharose (174), glucose (169), amidon (179), cellulose (186).

Phénol (194), acide picrique (196).

Aniline (201).

Notions très sommaires sur les principes extraits des végétaux (quinine, morphine, amygdaline) (207 à 210).

1. On devra se contenter d'exposer les réactions utilisées en métallurgie sans trop détailler les appareils industriels.

PRÉFACE

Le *Cours de Chimie* pour la classe de Première (sections C et D) est surtout destiné aux applications industrielles, tant dans le domaine de la chimie minérale que dans celui de la chimie organique. On ne devra donc pas s'étonner de ne trouver, dans cet ouvrage, que l'étude des propriétés des corps et de leurs usages. Pour les corps organiques en particulier, nous avons laissé de côté les considérations purement théoriques sur la constitution des corps; en restant dans l'esprit du programme, nous nous sommes borné aux procédés de préparation et de fabrication industrielle, en développant plus particulièrement les emplois pratiques des corps, soit dans l'économie domestique, soit dans le domaine commercial et industriel.

L'étude détaillée des fonctions chimiques est réservée pour le cours de mathématiques; nous avons seulement *indiqué* ici les liens qui unissent les corps de même nature, tels que les carbures d'une même série, les alcools, les éthers ou les acides organiques.

Nous avons fait tous nos efforts pour offrir au public un ouvrage clair, simple, au courant de la science moderne, et dans lequel ont trouvé place toutes les applications industrielles et commerciales.

E. Drincourt.

COURS DE CHIMIE

A L'USAGE

De la classe de Première

Sections C et D.

LIVRE PREMIER

MÉTAUX USUELS

ET LEURS DÉRIVÉS

CHAPITRE PREMIER

FER, FONTES, ACIERS

1. ***Métallurgie en général.*** — L'or et le platine sont les seuls métaux usuels que l'on trouve à l'*état natif;* les autres métaux usuels se trouvent dans le sol à l'état d'oxydes, de carbonates ou de sulfures métalliques naturels, auxquels on donne le nom de *minerais*. La métallurgie est l'art de transformer le minerai en *métal;* les procédés métallurgiques sont de véritables réactions chimiques, ayant pour but l'isolement du métal par un traitement convenable subi par le minerai.

2. ***Minerais de fer.*** — Les minerais de fer sont des oxydes, des carbonates et des sulfures de fer.

1° **Minerais oxydés.** — L'un des meilleurs minerais de fer est la *magnétite* ou *oxyde magnétique de fer* ou *oxyde salin de fer*, Fe^3O^4, qui se présente sous l'aspect d'une pierre noire granuleuse, ne renfermant que très peu de matières étrangères : aussi est-ce un minerai très estimé; on le trouve dans les Alpes scandinaves.

Le *fer oligiste* est l'oxyde ferrique cristallisé, Fe^2O^3, sous la forme de rhomboèdres très brillants, comme le fer de l'île d'Elbe ou le fer de Framont, dans les Vosges; l'*hématite rouge* ou oxyde ferrique anhydre et amorphe, d'une couleur rouge, à l'aspect terreux, est encore un minerai de fer excellent. L'*ocre rouge* est de l'oxyde ferrique mélangé à de l'argile.

On trouve souvent dans la nature de l'oxyde ferrique hydraté, sous les noms de *limonite*, *hématite brune*, *fer oolithique*, *fer pisolithique*, *ocre jaune*, *terres ferrugineuses*, etc.

2° **Minerais carbonatés.** — Le carbonate naturel de fer cristallisé, ou *fer spathique*, que l'on trouve à Saint-Étienne et dans les Pyrénées, est un excellent minerai de fer. Le carbonate de fer amorphe, ou *fer des houillères*, se trouve dans les mines de houille; alors la présence simultanée du combustible et du minerai permet de fabriquer du fer excellent à un très bas prix : on le rencontre en abondance en Angleterre; de là, la supériorité de cette nation pour la production du fer.

3° **Minerais sulfurés.** — Ce sont : la *pyrite martiale*, FeS^2, cristallisée en cubes ou en dodécaèdres pentagonaux, d'un jaune brillant comme de l'or, et la *pyrite magnétique*, Fe^3S^4, d'un jaune de bronze. Ces minerais ne sont généralement pas exploités parce qu'ils fournissent du fer rendu cassant par la présence du soufre et du phosphore.

La métallurgie n'emploie que les minerais oxydés ou carbonatés; tout minerai de fer est un mélange d'oxyde ou de carbonate de fer avec des roches étrangères formant la *gangue* du minerai; cette gangue est généralement siliceuse; quelques minerais de fer possèdent une gangue calcaire.

3. ***Traitement du minerai.*** — Le minerai de fer est soumis d'abord à un traitement mécanique ayant pour effet de séparer le minerai de la majeure partie de sa gangue; puis, le minerai est soumis à un traitement chimique pour l'extraction du métal.

Dans le traitement chimique, on réduit le minerai de fer par l'*oxyde de carbone* et, à l'aide d'un *fondant* convenable, on transforme la gangue en un silicate fusible qui surnagera à la surface du fer fondu et qui pourra en être facilement séparé; ce silicate s'appelle la *scorie*. Si la gangue est siliceuse, le fondant est la *castine* ou carbonate de calcium; si la gangue est calcaire le fondant est l'*erbue*, qui est une variété d'argile.

4. *Théorie chimique de la métallurgie du fer.* — 1° L'oxyde ferrique est réduit, à la température du rouge vif, par un courant d'*oxyde de carbone* :

$$Fe^2O^3 + 3\,CO = 2\,Fe + 3\,CO^2.$$

2° L'anhydride carbonique est réduit, au rouge, par le charbon :

$$CO^2 + C = 2\,CO.$$

3° Au rouge vif, le fondant et la gangue forment un silicate fusible constituant la scorie.

5. *Haut fourneau.* — Les réactions chimiques précédentes s'accomplissent dans des appareils industriels spéciaux appelés des *hauts fourneaux*.

Un haut fourneau (*fig.* 1) se compose de deux parties : la partie supérieure BC, ou *cuve*, est en briques réfractaires; elle est terminée par une ouverture A appelée *gueulard*, par laquelle se fait le chargement. Le cône inférieur DE, ou *étalages*, est en pierres siliceuses infusibles; au-dessous des étalages est un cylindre F en briques réfractaires, appelé l'*ouvrage*, dans lequel viennent déboucher les nez de tuyères alimentées par une forte machine soufflante. Au-dessous de l'ouvrage se trouve le *creuset*, dont la partie antérieure, appelée la *dame*, se termine par un plan incliné : le creuset présente en outre une ouverture appelée la *tympe*, destinée à l'écoulement des scories.

La hauteur d'un haut fourneau est de 15 à 18 mètres. La figure représente un haut fourneau muni d'appareils *Whitwell* pour utiliser les gaz chauds qui s'échappent du haut fourneau.

On introduit d'abord par le gueulard une grande quantité de coke, que l'on allume et dont on active la combustion en lançant de l'air dans l'ouvrage par les tuyères. Quand la température est assez élevée, on charge le haut fourneau de couches alternatives de *minerai*, de *fondant* et de *combustible*, jusqu'au niveau du gueulard.

La combustion du coke produit de l'oxyde de carbone, qui traverse la première couche de minerai et le réduit :

$$Fe^2O^3 + 3\,CO = 3\,CO^2 + 2\,Fe.$$

Le fer tombe dans les étalages, où il se convertit en fonte, fond et gagne le creuset. Le gaz carbonique formé trouve la couche de combustible incandescent suivante et se réduit à l'état d'oxyde de carbone :

$$CO^2 + C = 2\,CO.$$

Cet oxyde de carbone réduit le minerai qui suit, se transforme en gaz carbonique, et la même série de réactions chimiques se reproduit indéfiniment, puisque l'on charge continuellement le haut fourneau par le gueulard. Par celui-ci sortent des gaz qui brûlent et produisent une grande quantité de chaleur, que l'on utilise pour échauffer l'air lancé par les tuyères. Dans les étalages, la gangue et le fondant se combinent pour former la scorie, qui fond; de sorte qu'au bout d'un certain temps le creuset renferme de la fonte fondue, surmontée d'un bain de scories limpides qui s'écoulent, le long du plan de la dame, par la tympe du creuset. Quand le creuset est plein de fonte liquide, on débouche un *trou de coulée* placé à la partie inférieure : la fonte coule dans des canaux creusés sur le sol de l'usine; elle s'y solidifie en demi-cylindres, appelés *gueuses*. Un haut fourneau, une fois mis en marche, ne s'arrête jamais, jusqu'au moment où il doit être réparé.

La fonte au coke, ainsi obtenue, renferme toujours un peu de silicium, provenant de la réduction de la silice par le fer à haute température.

On pourrait aussi alimenter le haut fourneau avec du charbon de bois : sa hauteur est alors réduite à 10 mètres; la fonte au bois est plus estimée que la fonte au coke, parce qu'elle ne contient pas de soufre.

La fonte est ensuite livrée à l'industrie ou transformée en fer doux ou en acier.

FIG. 1. — **Haut fourneau.** — BC, cuve ; A, gueulard ; DE, étalages ; F, creuset ; T, T', tuyères ; G, G', tubes très larges destinés à conduire les gaz chauds sortant du haut fourneau dans les appareils spéciaux R et R'. Là, ces gaz sont accumulés pour chauffer des cloisons en briques réfractaires. Quand ces gaz sont refroidis, on les remplace par de l'air qui s'échauffe au contact des parois des récupérateurs R et R' ; on lance ensuite cet air chaud dans le haut fourneau par l'intermédiaire des tuyères. Chacun des récupérateurs fonctionne à son tour : quand l'un d'eux a reçu le gaz échappé du haut fourneau, l'autre a reçu de l'air et réciproquement.

FONTES

6. ***Fonte.*** — On appelle *fonte* une masse de *fer* contenant 2 à 5 p. 100 de *carbone* avec des quantités minimes de silicium, de soufre, de phosphore et de manganèse. On connaît deux variétés de fontes, qui sont la *fonte grise* et la *fonte blanche*.

La *fonte grise* est d'un gris noir; elle a pour densité 7 environ; elle fond à 1200° et devient très fluide; aussi est-elle employée pour le moulage : en se solidifiant, elle augmente de volume et pénètre dans tous les détails du moule. Elle est douce, grenue et peut être travaillée à la lime et au tour.

Le carbone de la fonte grise est libre en partie; on l'aperçoit dans la masse sous l'aspect de paillettes de graphite; pour s'en assurer, il suffit de traiter la fonte grise par l'acide chlorhydrique; il se dégage de l'hydrogène presque pur et il reste un résidu de carbone graphitoïde.

La *fonte blanche* possède une couleur argentine, une texture homogène en grains brillants; sa densité est égale à 7,6 environ. Elle fond entre 1050° et 1100°, en donnant une masse pâteuse; elle est impropre au moulage. Le carbone de la fonte blanche est presque entièrement combiné au fer, à l'état de carbure de fer : traitée par l'acide chlorhydrique, elle donne de l'hydrogène rendu infect par une forte proportion de carbures d'hydrogène.

La production de l'une ou l'autre variété de fonte dépend de la température à laquelle a eu lieu la réduction du minerai de fer : la fonte blanche se produit à basse température; la fonte grise prend naissance à une température très élevée.

7. ***Usages de la fonte.*** — La *fonte grise* est employée pour le moulage des ustensiles et des objets en fonte.

Pour mouler les colonnes de fonte, les pièces de machines, les grilles, les charpentes, etc., on coule directement la fonte du haut fourneau dans le moule. Pour le moulage des objets moins grossiers, on refond la fonte dans un fourneau à cuve, appelé *cubilot*, et on la coule dans des moules en sable maintenus par des châssis de fer.

La *fonte blanche* est utilisée pour la fabrication du fer doux par les procédés d'*affinage*.

8. ***Affinage de la fonte.*** — On appelle *affinage* de la fonte l'opération chimique qui a pour but de débarrasser la fonte du carbone et des matières étrangères qu'elle contient; on chauffe la fonte, à une température élevée, dans des fours spéciaux et on oxyde, par un courant d'air,

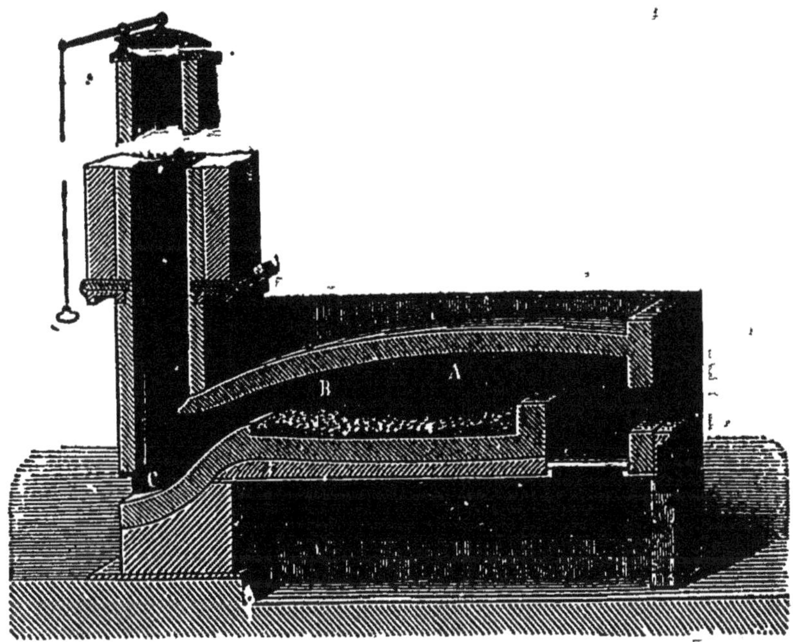

Fig. 2. — Four à puddler.

le carbone et le silicium; le carbone est transformé en oxyde de carbone; le silicium forme un silicate fusible de fer irréductible par le charbon et constituant la *scorie*. L'opération s'effectue dans un four spécial appelé four à *puddler* (*fig*. 2).

Un four à *puddler* est un four à réverbère, dont la sole est en fonte ou en briques réfractaires, recouvertes d'un lit de scories de haut fourneau. On y place 300 kilogr. de fonte et 50 kilogr. d'un mélange de scories riches en oxyde de fer et de battitures de fer, et l'on donne un violent coup de feu au moyen du combustible brûlé sur la grille.

La flamme du combustible est renversée par la voûte du

foyer et vient en contact avec les matières placées sur la sole du four; de cette façon le combustible ne peut pas, par contact direct, céder du soufre à la fonte et en altérer les qualités.

Quand la masse est amenée à l'état pâteux, on ouvre les portes de travail A et B et on agite constamment la masse avec des ringards en fer, jusqu'à ce que la masse ne bouillonne plus et que l'on ne voie plus de flammes bleues d'oxyde de carbone brûler à la surface. Alors l'ouvrier réunit le métal en *loupes* de 25 à 30 kilogrammes, que l'on cingle sous le marteau-pilon pour en extraire la scorie et souder le métal à lui-même. On obtient environ 85 kilogr. de fer ductile pour 100 kilogr. de fonte. Le fer doux ainsi obtenu renferme encore 0,05 p. 100 de carbone et des traces de silicium.

FER

9. ***Fer doux.*** — On appelle *fer doux* du fer aussi exempt que possible de carbone et de silicium; le fer doux est ductile et malléable; il se recourbe doucement quand on le ploie et il se plie d'autant moins facilement qu'il contient plus de carbone. On fabrique le fer doux en affinant la fonte (§ 8). Le fer employé dans les constructions n'est pas du fer rigoureusement doux; il contient toujours plus ou moins de carbone et de silicium; il est alors légèrement aciéreux. Le fer doux est employé pour faire des noyaux d'électro-aimant; il entre dans la construction des anneaux de Gramme, etc.; le fer vulgaire, plus ou moins aciéreux, est employé dans la construction; toutes les industries font une consommation considérable de fer.

ACIERS

10. ***Acier.*** — On appelle *acier* un mélange de fer et de carbone ne contenant que 0,7 p. 100 de carbone environ; l'acier est moins riche en carbone que la fonte; on y trouve aussi des traces de silicium, de soufre et de phosphore.

L'acier a pour poids spécifique 7,7; il est sonore, tenace,

cassant, élastique; sa texture est grenue; tandis que le fer est fibreux. Le *carbone* de l'acier lui donne la *résistance* et la *propriété de prendre la trempe,* tandis qu'il en *diminue* la *ductilité.* Le *silicium* rend l'acier cassant et altère sa résistance au choc. Le soufre et le phosphore donnent de la fragilité à l'acier : il faut donc les éviter autant que possible.

On prépare l'acier soit en *affinant* la fonte, soit en *carburant* le fer : le premier procédé donne l'*acier de forge,* le second fournit l'*acier de cémentation.*

11. *Acier Bessemer.* — Le procédé d'affinage **Bessemer** consiste à faire passer dans une grande cornue, ou **convertisseur**, au travers de la fonte en fusion, un très grand nombre de minces jets d'air fortement comprimé : cet air comprimé *oxyde, chauffe* et *brasse* la matière métallique. La fonte, au sortir du haut fourneau, renferme assez d'éléments combustibles pour développer par leur combustion la haute température capable de maintenir fondu le fer affiné; en outre, ces éléments combustibles sont précisément ceux dont il faut débarrasser la fonte pour la transformer en acier plus ou moins doux. Les fontes employées sont des fontes blanches manganésifères, telles que la fonte de Neuberg et la fonte de Workington provenant généralement du fer spathique.

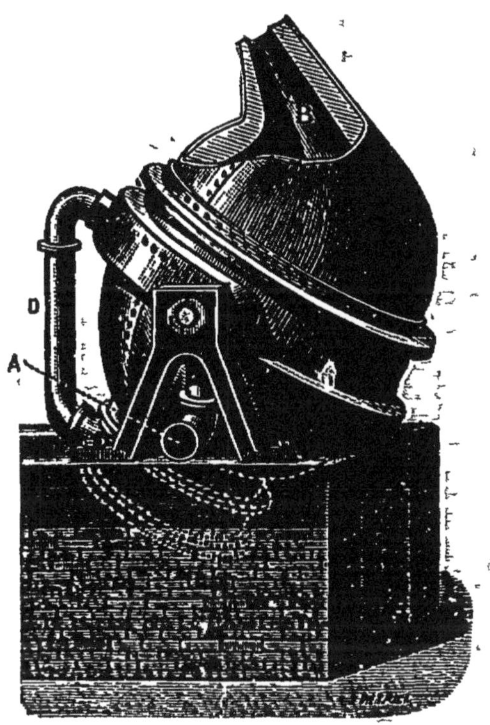

FIG. 3. — Convertisseur.

L'opération s'effectue dans des cornues en tôle, garnies intérieurement de terre réfractaire et pouvant tourner autour d'un axe horizontal (*fig.* 3). L'air est envoyé par une machine soufflante; il entre par l'ouverture A, il gagne le tube latéral D et il arrive dans les tuyères situées dans l'intérieur du convertisseur.

On chauffe d'abord le convertisseur en y faisant brûler du coke; puis on introduit dans le convertisseur 8,000 kilogr. de fonte provenant du haut fourneau. On lance l'air dans la cornue; le carbone de la fonte s'oxyde et dégage assez de chaleur pour maintenir la masse en fusion : le silicium s'oxyde, ainsi que la majeure partie du manganèse; il sort alors du convertisseur une légère gerbe d'étincelles et une petite flamme courte et peu éclairante. La flamme devient plus éclairante; le bruit du vent traversant le métal s'accentue; il en résulte un bouillonnement violent accompagné de fortes secousses : c'est la période de *décarburation*. La flamme devient moins éclairante; le bouillonnement est remplacé par un roulement continu : l'opération est terminée. On ajoute alors à la masse une quantité déterminée de fonte, qui produit l'aciération par la proportion de carbone qu'elle renferme. On brasse le tout et on procède à la *coulée* en faisant tourner le convertisseur autour de son axe pour verser l'acier fondu dans des poches qui le feront ensuite écouler dans les moules voisins. Ce procédé réalise une économie notable de combustible, puisqu'on introduit la fonte à l'état liquide dans le convertisseur.

12. *Acier Martin*. — On décarbure la fonte en y ajoutant des fragments de fer doux et d'acier en quantité telle que le carbone contenu dans la masse totale se trouve dans une proportion intermédiaire entre celle que contient la fonte et celle que contient le fer doux. L'opération se fait dans d'immenses fours à réverbère, dits *fours Siemens*, chauffés par un mélange d'air et de gaz provenant de la distillation de la houille. On obtient ainsi un acier bien homogène, et dont on peut maintenir la proportion de carbone au degré correspondant à l'usage auquel l'acier est destiné.

13. *Acier de cémentation*. — On appelle *acier de cémentation*, ou *acier poule*, l'acier obtenu en chauffant du fer doux, de Suède ou de Russie, avec du charbon en poudre dans des caisses de cémentation CC (*fig.* 4), en briques réfractaires, chauffées de toutes parts par la flamme d'un foyer G, qui circule autour d'elles. On dispose dans les caisses de cémentation des couches alternatives de cément et de barres de fer doux : le cément est un mélange de poussier de charbon de bois, de cendres et de sel marin. On porte les caisses au rouge et on les maintient à cette température pendant une quinzaine de jours.

Fig. 4. — Four de cémentation. — C, C, caisses de cémentation ; G, foyer.

L'acier de cémentation n'est pas homogène ; il présente un grand nombre de boursouflures : il faut alors le *corroyer*, c'est-à-dire souder ensemble un certain nombre de barres, ou bien on peut *fondre* l'acier dans des creusets en argile réfractaire chauffés au coke : l'acier fondu est ensuite coulé dans des lingotières.

14. ***Propriétés de l'acier.*** — L'acier fond à une température un peu inférieure à celle de la fusion du fer, d'autant moins élevée que l'acier est plus carburé. L'acier, chauffé au rouge, puis refroidi *lentement* et ramené à la température de l'atmosphère, est très mou et se laisse travailler aussi facilement que le fer ordinaire : l'acier est dit alors *recuit*.

L'acier, chauffé au rouge et immergé *brusquement* dans l'eau froide, devient très dur, et cassant comme du verre ; l'acier est dit alors *trempé*.

Les aciéries livrent à l'état d'acier *recuit* l'acier à ceux qui le façonnent. Le façonnage de l'acier, c'est-à-dire sa transformation en rasoirs, ciseaux, haches, épées, etc., exige la série des opérations suivantes :

1° Façonnage de l'objet avec de l'acier recuit.

2° Trempe de l'objet façonné.

3° Réchauffement de l'objet façonné et trempé.

4° Refroidissement lent.

Un objet trempé est toujours trop dur et trop cassant; en réchauffant l'objet, *on le rend d'autant moins dur et d'autant moins cassant, qu'on l'a réchauffé à une température plus élevée.*

On applique ce principe à la fabrication des divers objets en acier, en leur donnant par le réchauffement une dureté plus ou moins grande, appropriée à leur usage.

Ainsi, par exemple, pour faire une *hache* en acier, on la réchauffe à 265° et on la laisse ensuite refroidir lentement à l'air. La hache est alors partiellement recuite au point voulu.

Voici le tableau des différentes teintes que prend l'acier suivant la température du réchauffement :

à 220°....... *jaune paille* (rasoirs).
240°....... *jaune d'or* (ciseaux).
265°....... *pourpre* (hache).
295°....... *bleu* (épées, ressorts de montre).
322°....... *bleu foncé* (scies à main).

15. ***Usages de l'acier.*** — L'acier de forge est employé pour fabriquer des lames d'épée, de sabre, de fleuret, des scies, des ressorts de voiture, des rails de chemin de fer, des bandages, etc. L'acier Bessemer et l'acier Martin servent à la construction des coques de navires, des tôles pour chaudières à vapeur, des canons, des affûts, des projectiles. L'acier fondu sert à la fabrication des ressorts de montre, des burins, des outils, des objets de coutellerie, des instruments de chirurgie, etc.

16. ***Préservation des objets en fer.*** — Le fer exposé à l'air humide se transforme rapidement, à la température ordinaire, en *rouille* ou *hydrate ferrique*, $Fe^2(OH)^6$; de plus, dès que la transformation du fer en rouille a commencé, comme la rouille formée est pulvérulente, l'action de l'air gagne peu à peu de la périphérie au centre de la pièce de fer jusqu'à ce que la transformation soit complète. Il est alors nécessaire de préserver le fer de l'action que l'air humide exerce sur lui.

1° On recouvre les pièces de fer avec une couche de

peinture obtenue en délayant du *minium* dans de l'huile de lin; tout contact entre le fer et l'air humide se trouve ainsi évité.

2° On trempe le fer dans un bain de *zinc* fondu; le fer se recouvre d'une couche de zinc; on dit alors que le fer a été galvanisé; la couche de zinc préserve le fer de toute oxydation et hydratation à l'air humide.

3° On plonge le fer bien décapé dans un bain d'*étain* fondu; la couche d'étain restée adhérente au fer préservera celui-ci du contact de l'air; le fer recouvert d'étain s'appelle du *fer-blanc*.

4° Le fer galvanisé est préférable au fer recouvert d'étain; en effet, le zinc, exposé à l'air, s'altère superficiellement parce que l'hydrocarbonate de zinc forme une couche imperméable à l'air; de plus, si, par hasard, le fer est mis à nu, le fer ne s'oxydera pas à l'air humide, tandis que le zinc s'oxydera seul.

Dans le fer-blanc, la couche d'étain est à peu près inaltérable à l'air; mais si le fer est mis à nu, il s'oxydera immédiatement; la présence de l'étain active alors l'oxydation du fer.

5° On peut aussi préserver le fer de toute oxydation en le recouvrant d'un dépôt galvanique de cuivre, comme on le fait pour les candélabres à gaz, pour les fontaines publiques, pour les statues, etc.

CHAPITRE II

ALUMINIUM

Al = 27,5.

17. ***Métallurgie de l'aluminium.*** — Le minerai d'aluminium est la **cryolithe**, ou fluorure double d'aluminium et de sodium, **$Al^2F^6,6NaF$**; cette roche se trouve au Groënland. L'aluminium se prépare par *électrolyse* d'un mélange de cryolithe et de sel marin fondus.

On fait un mélange de cryolithe et de sel marin répondant à la formule **$12NaCl + Al^2F^6, 6NaF$**. Ce mélange fond à 675° en un liquide incolore transparent et assez bon conducteur du courant électrique; ce mélange n'émet pas de vapeurs même à 1000 degrés. Le bain en fusion est contenu dans une cuve cubique en fonte, munie intérieurement d'une garniture de charbon aggloméré qui servira de cathode; l'anode est formée par des plaques de charbon plongeant dans le bain sans toucher le fond de la cuve.

Les courants électriques employés sont des courants à *faible tension;* par électrolyse, l'aluminium apparaît sur la cathode; comme le bain est maintenu à 750° et comme l'aluminium fond à 700°, l'aluminium s'écoule le long des parois du charbon de la cuve et se rassemble au fond de la cuve, d'où il est extrait par un trou de coulée.

A mesure que l'électrolyse s'effectue, on maintient la composition du bain constante en ajoutant par petites portions un mélange d'alumine partiellement desséchée, de cryolithe artificielle et d'oxyfluorure d'aluminium. Cette addition permet de récupérer les deux tiers du fluor dégagé sur l'anode; et en ajoutant des quantités progressives de ce mélange, on fait en sorte que le niveau du bain fondu reste constamment à la même hauteur.

La production d'un kilogramme d'aluminium exigeant une dépense d'énergie de 31,3 chevaux-heure, il est nécessaire d'avoir à bon marché l'énergie mécanique destinée à actionner la machine électrique qui produit le courant; cela conduit à placer l'usine métallurgique auprès d'une source naturelle d'énergie, telle qu'une chute d'eau capable d'actionner les turbines qui font tourner les dynamos productrices de l'électricité nécessaire à la séparation du métal; ou bien, ce qui est préférable, on utilisera le transport de l'énergie à distance par l'électricité, et on installera l'usine métallurgique là où se trouve le gisement du minerai.

Grâce à l'électrolyse, le prix du kilogramme d'aluminium s'est abaissé considérablement, et dans un avenir prochain, par son bon marché, ses qualités précieuses et les nombreux emplois qu'il est susceptible de recevoir, l'aluminium est appelé à rendre de grands services et à prendre une place importante parmi les métaux usuels.

18. *Préparation de l'aluminium à l'aide de l'arc électrique.* — Depuis quelques années, on fait aussi usage des courants électriques à haute tension pour préparer l'aluminium et ses alliages. Dans ce cas, le courant électrique a pour effet la production de très hautes températures pouvant à la fois fondre et décomposer le minerai employé.

L'opération s'effectue dans un creuset ayant la forme d'une cuve cylindrique en tôle de 60 centimètres de diamètre sur 55 de hauteur. Le fond est traversé par l'électrode négative qui est en cuivre et qui plonge dans une boite parallélipipédique en fonte au fond de laquelle se trouve une couche de mercure de 15 centimètres d'épaisseur, destinée à établir un bon contact électrique. Le câble conducteur est relié à cette boite de fonte, dans laquelle circule, en outre, un courant d'eau pour empêcher l'élévation de la température et la volatilisation du mercure. Le fond de la cuve est brasqué, avec le plus grand soin, avec un mélange de charbon graphitique et de goudron, et cette brasque, médiocrement conductrice, isole suffisamment les parois du four. L'anode est formée par des lames de charbon aggloméré réunies en un bloc; elle est fixée dans une chape d'où partent les câbles conducteurs, et la potence qui la soutient est munie d'une vis au moyen de laquelle l'anode peut être à volonté élevée ou abaissée. Enfin, autour de la cuve et au tiers supérieur de sa hauteur est disposé un tube percé de trous fins et destiné à projeter de l'eau en pluie, si la tôle vient à rougir quelque peu.

Pour mettre le four en marche, on abaisse le charbon positif vers le fond de la cuve en mettant entre le charbon positif et le fond de la cuve un morceau plat de charbon qui permet le passage du courant. On verse peu à peu de la cryolithe naturelle qui fond sous l'action de la chaleur de l'arc, enfin on ajoute de l'alumine pure en poudre. Quand l'opération est en pleine activité, la cuve est remplie de matières fondues jusqu'à 10 centimètres environ des bords, et on maintient le niveau dans cette position. Sous l'action de l'arc électrique, il y a décomposition de la cryolithe et l'aluminium isolé se rassemble au fond de la cuve.

La force électromotrice est de 25 *volts;* l'intensité du

courant est de 1000 ampères environ; la température est voisine de 3500° (Violle).

A cette température, le carbone se vaporise et acquiert des propriétés réductrices très énergiques; la cryolithe est décomposée en fluor et en aluminium; le fluor réagit sur l'alumine, avec le concours du charbon pour former du fluorure d'aluminium et de l'oxyde de carbone. Le fluorure d'aluminium formé sera décomposé à son tour par le courant.

19. *Alliages d'aluminium.* — On introduit dans le creuset de l'alumine en morceaux avec des fragments de charbon et des morceaux du métal avec lequel l'aluminium doit s'allier. On fait ensuite jaillir entre les électrodes l'arc produit par un courant de 1 000 ampères. A mesure que l'aluminium se forme, il s'allie avec le métal auxiliaire fondu que renferme le creuset. Dans l'industrie, on prépare ainsi l'alliage usuel d'aluminium et de cuivre appelé *bronze d'aluminium.*

20. *Propriétés de l'aluminium.* — L'*aluminium* est un métal d'un blanc bleuâtre, très léger, de densité 2,56, d'une dureté et d'une ténacité comparables à celles de l'argent.

Il est sonore, bon conducteur de la chaleur et meilleur conducteur de l'électricité que le fer; il fond à 700° et n'a pas encore pu être volatilisé.

L'aluminium doit être considéré comme un *métal précieux :* il est inaltérable à l'air, il n'est pas attaqué par l'hydrogène sulfuré; les acides azotique et sulfurique l'attaquent lentement à chaud, l'acide chlorhydrique le transforme à froid en chlorure d'aluminium soluble, Al^2Cl^6.

Il ne s'allie qu'avec le cuivre, l'argent et le fer; on l'utilise dans l'industrie pour la fabrication des objets légers, comme les montures de lunettes de spectacle; on l'allie souvent au cuivre pour former le bronze d'aluminium, d'une belle couleur jaune, employé pour la confection de surtouts de table, de couverts, de chaînes et de boîtes de montres.

ALUMINE

Al^2O^3

21. *État naturel.* — A l'état cristallisé, l'alumine constitue le *corindon*, pierre précieuse incolore, transparente, cristallisée en rhomboèdres. Lorsque le corindon renferme les traces d'oxydes étrangers, il se colore et forme les pierres précieuses connues sous le nom de *saphir, rubis, améthyste* et *topaze*, et qui sont les pierres les plus dures que l'on connaisse après le diamant.

22. ***Propriétés de l'alumine.*** — L'*alumine* se présente sous trois états différents : *cristallisée, gélatineuse* ou *amorphe*. L'*alumine cristallisée* est le *corindon* ou alumine naturelle cristallisée en rhomboèdres.

L'alumine gélatineuse, ou *hydrate d'aluminium*, $Al^2(OH)^6$, s'obtient en versant une solution de carbonate d'ammonium dans une solution de sulfate d'aluminium, d'alun ordinaire ou de chlorure d'aluminium. On obtient un précipité blanc, gélatineux, retenant l'eau avec énergie et ne l'abandonnant qu'aux plus hautes températures.

L'*alumine gélatineuse* joue le rôle de *base* vis-à-vis des acides énergiques ; elle est soluble dans l'acide sulfurique étendu, dans l'acide chlorhydrique étendu, en donnant le sel d'aluminium correspondant à l'acide employé :

$$3SO^4H^2 + Al^2(OH)^6 = (SO^4)^3Al^2 + 6H^2O.$$

L'alumine gélatineuse joue le rôle d'*acide* faible en présence de la potasse ; elle se dissout dans une dissolution étendue de potasse pour former l'*aluminate de potassium*, $Al^2(OK)^6$.

L'*alumine amorphe* s'obtient en calcinant fortement l'alumine gélatineuse ou en calcinant l'alun ammoniacal ; elle se présente sous la forme d'une masse blanche, légère, amorphe, difficilement soluble dans les acides et les alcalis.

23. ***Usages de l'alumine.*** — A l'état de pierres précieuses, elle est employée dans la joaillerie sous le nom de corindon, de saphir, de rubis et de topaze. L'alumine gélatineuse possède la propriété de retenir les matières colorantes en formant des *laques* employées en teinture et dans l'impression sur étoffes. Pour obtenir une laque, il suffit d'ajouter du sulfate d'aluminium à une dissolution chaude de cochenille et de précipiter l'alumine gélatineuse par une solution de carbonate d'ammonium ; on obtiendra un précipité gélatineux, coloré en rouge vif, que l'on recueillera en jetant la masse sur un filtre ; la liqueur filtrée sera incolore et la *laque* restera sur le filtre.

L'émeri est un mélange d'alumine et d'oxyde ferrique cristallisé servant à user le verre et à polir les métaux; étendu sur une feuille de papier et fixé par un peu de colle forte, il constitue le *papier d'émeri*.

24. *Sels d'aluminium.* — *L'aluminium* forme des sels dans lesquels fonctionne un *groupement* de deux atomes d'aluminium liés invariablement entre eux; ce groupement, de formule **Al^2**, est **hexavalent**. Les principaux sels d'aluminium sont :

Le *chlorure d'aluminium*..	Al^2Cl^6
Le *sulfate d'aluminium*....	$(SO^4)^3Al^2$.

Ces sels sont solubles dans l'eau; la solution, traitée par le carbonate d'ammonium, donne un précipité d'*alumine gélatineuse*, avec dégagement de gaz carbonique; la solution précipitée par le sulfure d'ammonium donnera aussi un précipité d'*alumine gélatineuse*.

25. *Sulfate d'aluminium.* $(SO^4)^3Al^2 + 9H^2O$. — Le *sulfate d'aluminium* s'obtient en dissolvant l'alumine gélatineuse dans l'acide sulfurique étendu d'eau; l'industrie prépare le sulfate d'aluminium en partant des schistes bitumineux de Picardie, comme nous l'indiquons plus loin à propos de l'alun ordinaire.

Le sulfate d'aluminium est un sel blanc, moyennement soluble dans l'eau et presque insoluble dans l'alcool; sous l'action de la chaleur il perd son eau de cristallisation et passe à l'état de sel anhydre; au rouge vif, il laisse un résidu d'alumine pure. La dissolution de sulfate d'aluminium donne un précipité blanc gélatineux d'hydrate d'aluminium avec le carbonate d'ammonium et le sulfure d'ammonium.

ALUNS

26. *Aluns.* — On désigne sous le nom d'**aluns** des sulfates doubles, qui sont :

L'*alun ordinaire*.......	$(SO^4)^3Al^2,SO^4K^2,24H^2O$
L'*alun de fer*..........	$(SO^4)^3Fe^2,SO^4K^2,24H^2O$
L'*alun de chrome*......	$(SO^4)^3Cr^2,SO^4K^2,24H^2O$

L'alun ordinaire est blanc; l'alun de fer est rose et l'alun de chrome est violet.

Tous les aluns cristallisent en octaèdres réguliers (*fig.* 5) : ils peuvent exister ensemble dans un même cristal en proportions quelconques.

Fig. 5. — Cristallisation de l'alun.

27. ***Alun ordinaire*** **$(SO^4)^3, Al^2, SO^4 K^2, 24H^2O$.** — L'alun ordinaire se prépare par plusieurs procédés :

1° On mélange des solutions chaudes de sulfate d'aluminium et de sulfate de potassium en proportions convenables : l'alun cristallise par refroidissement. Le sulfate d'aluminium a été obtenu en traitant le *kaolin*, ou argile exempte d'oxyde de fer et de carbonate de calcium, par l'acide sulfurique à 52°, à une température de 70°.

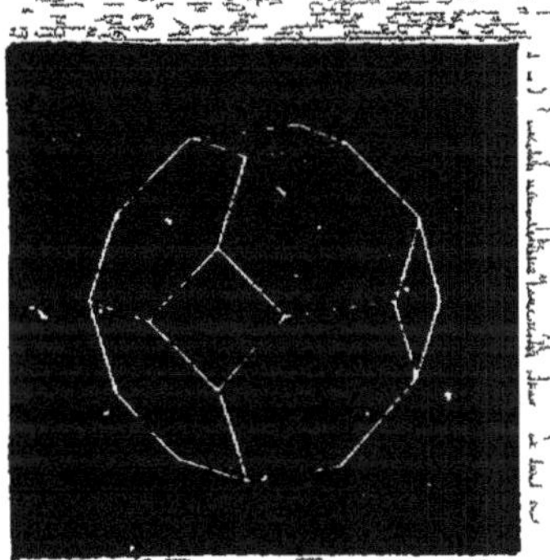

Fig. 6. — Alun de Rome. — Alun cristallisé en cubo-octaèdre et ne contenant pas de sulfate de fer. Il est employé dans la teinture.

2° Dans la campagne de Rome, à la Tolfa, on trouve une roche naturelle, appelée *alunite*, qui est de l'alun ordinaire mélangé à un excès d'alumine et à de l'oxyde ferrique. On calcine modérément l'alunite, puis on la trempe dans l'eau pour la laisser s'imbiber d'eau; enfin on lessive le produit : l'eau se charge d'alun pur, en laissant l'alumine en excès et l'oxyde ferrique. On décante la liqueur et on la laisse cristalliser : elle abandonne des cristaux d'alun ayant la forme de *cubo-octaèdres* (*fig.* 6), et connu sous le nom d'*alun de Rome*, très estimé des teinturiers parce qu'il ne contient pas de sulfate de fer.

3° On grille à l'air des schistes alumineux, comme ceux

de Picardie ou de Liège, riches en pyrite martiale; il se forme du sulfate d'aluminium et du sulfate ferreux; on dissout ces deux sels, on sépare le sulfate ferreux par cristallisation, parce qu'il est moins soluble que le sulfate d'aluminium; on ajoute du sulfate de potassium en proportions convenables : l'alun se forme et cristallise à froid.

L'alun de Picardie est toujours mélangé à un peu de sulfate de fer, dont on ne peut le débarrasser.

FIG. 7. — Calcination de l'alun. — On calcine l'alun dans un creuset. Il se boursoufle, perd son eau de cristallisation et forme une espèce de champignon blanc d'alun calciné.

L'*alun ordinaire* est un sel blanc cristallisé en octaèdres réguliers, s'effleurissant à l'air à leur surface. Il est soluble dans 10 fois son poids d'eau froide et dans le *tiers* de son poids d'eau à 100°. L'alun subit la fusion aqueuse vers 92°; si on le laisse refroidir, il prend l'aspect vitreux et constitue l'*alun de roche;* au rouge sombre, il perd ses 24 molécules d'eau et devient anhydre, en se boursouflant (*fig.* 7) : on le nomme alors *alun calciné;* au rouge blanc, il dégage de l'anhydride sulfureux et de l'oxygène, en laissant un résidu fixe d'alumine et de sulfate de potassium.

L'alun est employé comme *mordant* dans la teinture, pour fixer les couleurs; il sert à conserver les cuirs, à coller la pâte à papier, à clarifier les suifs et les eaux bourbeuses. En médecine, on l'emploie comme astringent et comme caustique.

28. *Alun ammoniacal* $(SO^4)^3Al^2, SO^4(AzH^4)^2, 24H^2O$. — On emploie souvent ce sel d'un beau blanc pour les mêmes usages que ceux auxquels on destine l'alun ordinaire. On le prépare en mélangeant des dissolutions chaudes et concentrées de sulfate d'aluminium et de sulfate d'ammonium.

29. *Alun de chrome* $(SO^4)^3Cr^2, SO^4K^2, 24H^2O$. — *L'alun de* *chrome* se présente en beaux cristaux octaédriques d'un violet si foncé qu'ils paraissent noirs. Ces cristaux, nourris dans leur eau mère, acquièrent facilement un volume considérable. La dissolution de ce sel est violette, elle passe à la modification verte quand on la chauffe, et alors elle est devenue incapable de reproduire les cristaux.

Pour obtenir cet alun, on dissout à chaud 150 grammes de dichromate de potassium dans un litre d'eau, on ajoute 250 grammes d'acide sulfurique et on laisse refroidir. On place la capsule de porcelaine où l'on a fait cette opération dans une grande terrine pleine d'eau froide, et l'on y verse très lentement 60 grammes d'alcool. Le lendemain, on trouve le vase recouvert d'une grande quantité d'octaèdres réguliers très nets.

ISOMORPHISME

30. ***Isomorphisme.*** — Quand on mélange deux dissolutions chaudes et saturées d'alun ordinaire incolore et d'alun de chrome violet, on obtient, par refroidissement, une seule espèce de cristaux octaédriques réguliers plus ou moins teintés de violet suivant la proportion d'alun de chrome; on dit alors que l'alun de chrome et l'alun ordinaire sont *isomorphes.*

On dit que deux corps sont isomorphes quand ils peuvent se remplacer en toute proportion dans les cristaux de même forme. Deux corps, pour être isomorphes, doivent cristalliser dans le même système sous des formes à angles très peu différents. Les exemples d'isomorphisme sont très nombreux : les chlorure, bromure et iodure d'un même métal sont isomorphes; les aluns sont isomorphes; l'oxyde ferrique cristallisé et le corindon sont isomorphes.

31. ***Loi de Mitscherlich.*** — L'isomorphisme est le plus haut degré de ressemblance chimique pouvant exister entre deux substances solides; deux corps isomorphes doivent avoir la même constitution chimique; de là la loi de **Mitscherlich :**

Deux corps isomorphes ont la même constitution chimique et des formules chimiques analogues.

Nous trouverons une application de cette loi plus tard quand nous étudierons la détermination des poids moléculaires et des poids atomiques.

CHAPITRE III

ARGILES, KAOLIN, PORCELAINE

32. ***Argiles.*** — On donne le nom d'*argiles* à des masses terreuses, d'un grain très fin, d'une couleur variant du jaune au gris, suivant leur composition, formées de silicate d'aluminium plus ou moins mélangé à de la silice en excès, à de l'oxyde ferrique, à de l'alumine, à de la magnésie et à du carbonate de calcium, etc.

L'argile pure est blanche; l'argile mélangée à de l'oxyde de fer est jaune rougeâtre et se colore par la cuisson en rose ou en rouge plus ou moins intense, comme on le voit dans la fabrication des briques et des tuiles. L'argile est très poreuse et très avide d'eau, dont elle peut retenir jusqu'aux trois quarts de son volume. Au contact de l'air, l'argile délayée avec de l'eau en pâte liante perd de l'eau et éprouve un *retrait* considérable, en se fendillant en tous sens; l'argile calcinée se comporte de même. L'argile bien humectée d'eau devient imperméable : cela explique l'existence des cours d'eau souterrains, formés par les eaux qui se sont infiltrées à travers les couches supérieures du sol et sont arrivées au contact de couches d'argile qu'elles ne peuvent traverser.

L'argile se délaie facilement dans l'eau et forme une pâte onctueuse, douce au toucher, pouvant être coupée au couteau et être polie avec l'ongle. L'argile pure est réfractaire à la température des fours industriels; par la cuisson, elle diminue de masse et de volume en perdant de l'eau; elle devient très dure, perd ses propriétés plastiques et ne les reprend jamais. Les argiles qui contiennent de l'oxyde ferrique et de la chaux fondent à une température élevée.

Les argiles sont les seules substances qui font pâte avec l'eau et durcissent au feu : les craies font pâte avec l'eau, mais ne durcissent pas par la cuisson.

La densité de l'argile varie de 1,7 à 2,7; elle est attaquable par les acides chlorhydrique et azotique bouillants, ainsi que par l'acide sulfurique à une douce chaleur.

Les argiles proviennent de la décomposition des feldspaths naturels par l'eau, dont le contact prolongé amène la dissolution du silicate de potassium et la séparation de la silice et du silicate d'aluminium insolubles.

33. *Classification des argiles.* — Les argiles peuvent être rapportées à trois types différents : *argile terreuse* et *lâche*, dont le type est le **kaolin**; *argile terreuse* et *serrée*, comme l'**argile plastique**; l'*argile figuline*, comme l'*argile de Saint-Ouen*.

34. *Kaolin.* — Le *kaolin* est une argile très pure, employée pour fabriquer la porcelaine. Le kaolin a pour composition :

Silice	46,8
Alumine	37,3
Potasse	2,5
Eau	13,4
	100,0

35. *Usage des argiles.* — Le *kaolin* sert à la fabrication de la porcelaine; l'*argile plastique* est employée pour la fabrication des poteries fines, des briques réfractaires et des creusets : elle ne fond pas et acquiert une grande dureté par la cuisson. Les *argiles figulines* fondent à une haute température : elles renferment de la chaux et de l'oxyde de fer; elles servent à la fabrication des poteries grossières et des terres cuites; sous le nom de *terre glaise*, on les emploie pour le modelage. Les *marnes* sont des terres argileuses mélangées avec de la craie; les marnes sont employées en agriculture pour amender les terres.

POTERIES

36. *Poteries.* — Les *poteries* se divisent en deux catégories : les poteries dont la pâte ne se ramollit pas à la cuisson, ou *poteries tendres*, rayées par l'acier, et les poteries dont la pâte se ramollit au feu en devenant compacte, où *poteries dures*, non rayées par l'acier.

Tous les produits céramiques sont fabriqués à l'aide des diverses variétés d'argile, cuites à une température plus ou moins élevée et rendues imperméables par une *glaçure* ou *couverte*, qui donne à leur surface un beau poli.

Les poteries à pâte dure sont les faïences fines, les grès, les porcelaines; les poteries à pâte tendre sont les faïences communes et les poteries grossières.

En mélangeant à l'argile une substance fusible à la température de cuisson de la poterie, celle-ci devient translucide et constitue la *porcelaine* ou poterie semi-vitrifiée.

37. ***Porcelaine.*** — La pâte à porcelaine est formée par un mélange de kaolin et de fondants, tels que le sable, la craie, le gypse, pris séparément ou réunis en proportions diverses : on obtient ainsi la *porcelaine véritable*. La porcelaine *anglaise*, ou demi-porcelaine, est formée de kaolin, de feldspath et de cendres d'os.

Pour fabriquer la porcelaine, on *porphyrise* le kaolin et le fondant, on les mélange en proportions convenables et on les délaie avec de l'eau : on obtient ainsi *une pâte claire*, que l'on tamise pour ne laisser passer que les grains les plus fins. On la presse et on l'abandonne dans les *fosses à pourrir*, cuves en bois où s'effectue une putréfaction des matières organiques contenues dans les eaux, dégageant des gaz qui malaxent la pâte et lui donnent la plasticité favorable au façonnage et à la cuisson. Au sortir des fosses, la pâte est soumise au *marchage* et au *battage*, jusqu'à ce que la cassure de la pâte ne présente plus de traces de bulles d'air : le bloc de pâte est alors divisé, à l'aide d'un fil métallique, en ballons de volume suffisant pour le façonnage des objets auxquels on les destine.

Le façonnage se fait au tour (*fig.* 8), formé d'un volant A, en bois plein, dont l'axe porte une tête C, en plâtre : l'ouvrier le met en mouvement au moyen d'une pédale. La pâte est placée sur la tête et ébauchée à la main; puis elle est soumise au *tournassage*, opération qui consiste à enlever la pâte en excès et à déterminer la forme extérieure de la pièce.

Pour la fabrication des assiettes, on opère par *moulage :* le moule est en plâtre; on l'enfonce dans la pâte, on le retourne et on le place sur la tête du tour; on façonne le pied de l'assiette et on laisse la pâte en contact avec le moule pendant un certain temps; on procède au *démoulage :* ensuite, on place sur la tête du tour l'assiette démoulée et déjà consistante; puis, on procède au *tournassage.*

Fig. 8. — Tour de potier. — A, volant; C, tête en plâtre.

Pour la fabrication des objets en porcelaine mince, on procède par *coulage :* on fait une pâte très fluide, appelée *barbotine,* que l'on coule dans des moules en plâtre : le moule est d'abord complètement rempli de barbotine, après avoir été enduit d'un mélange de barbotine et d'acide fluorhydrique pour faciliter le démoulage; on laisse le moule en repos pendant quelque temps; le plâtre du moule, très avide d'eau, solidifie sur ses parois une certaine épaisseur de barbotine; on fait écouler l'excédent de barbotine et on procède au démoulage (*fig.* 9).

Fig. 9. — Moule en plâtre.

Les pièces obtenues par l'un des procédés précédents sont ensuite soumises au *rachevage,* qui les complète, les termine et les orne, après avoir fait disparaître les coutures de la porcelaine et les défauts de la pâte.

Les pièces de porcelaine subissent une dessiccation lente

à l'air, puis un commencement de cuisson, qu'on appelle le *dégourdi*, dans le laboratoire supérieur d'un four spécial appelé *four à porcelaine*. Le *dégourdi* ne doit pas être poussé trop loin, car la pièce refuse d'absorber l'eau de la *couverte* : s'il n'a pas été suffisant, la porcelaine est trop poreuse et absorbe trop rapidement l'eau de la couverte : la pratique seule apprend à déterminer convenablement le degré du dégourdi; généralement, la porcelaine bien dégourdie a une teinte d'un rose pâle caractéristique; en outre, la porcelaine doit happer à la langue.

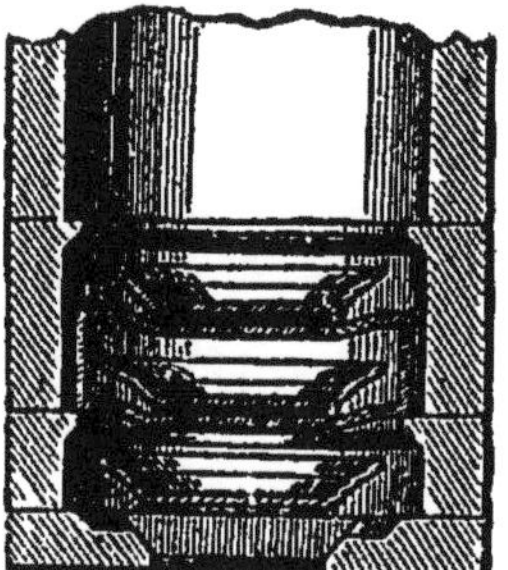

Fig. 10. — Cazette.

La porcelaine dégourdie reçoit alors la *glaçure*, ou *émail*, ou *couverte*, qui doit la rendre imperméable et lui donner son poli. La couverte est généralement formée d'un mélange de *quartz* et de *feldspath*, connu sous le nom de *pegmatite*, que l'on porphyrise et que l'on délaie dans l'eau en une bouillie claire. Cette couverte doit pouvoir se répandre sur toute la surface de la porcelaine, sans pourtant pénétrer trop profondément dans la pâte; elle doit être en rapport de fusibilité avec la pâte, et en rapport de dilatation et de contraction avec elle; sinon, elle se fendille et il en résulte des fissures ou *tressaillures* par lesquelles les corps gras, les acides pénètrent dans la pâte et l'altèrent.

La mise en couverte se fait en mélangeant dans un baquet la pegmatite pulvérisée et l'eau, de manière à ce qu'il ne reste aucun grumeau; au moyen d'un *aéromètre spécial*, on juge du degré convenable de densité du liquide. La pièce dégourdie est soumise à l'*espassage*, opération qui consiste à enlever, à l'aide d'un plumeau ou *espassin*, la poussière et les corps étrangers adhérents à la pièce : si l'on doit faire des réserves, on enduira de suif les parties réservées. La pièce est ensuite complètement trempée dans le bain d'émail et y séjourne pendant un temps plus ou moins long, suivant l'épaisseur de couverte que l'on veut obtenir : la durée du séjour dépend aussi du degré de dégourdi de la pièce. Les pièces en *biscuit*, dégourdies à une température élevée, exigent un séjour plus prolongé

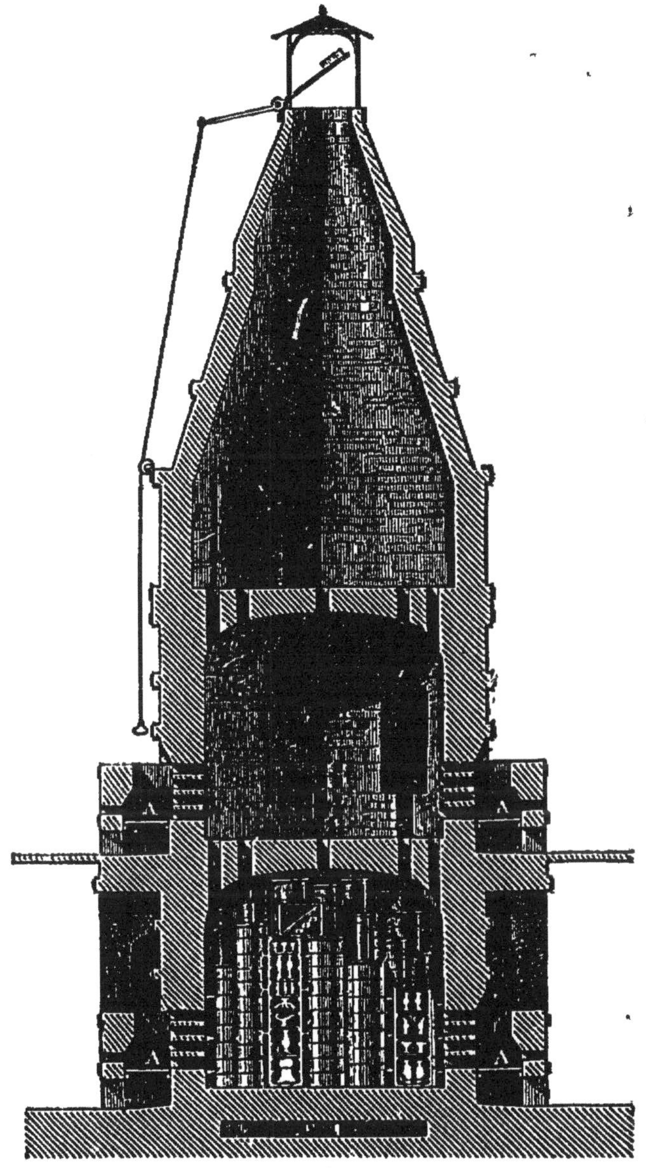

Fig. 11. — **Four à porcelaine.** — A, alandiers. — 1er et 2e étages : Laboratoire pour la cuisson de la procelaine émaillée. — 3e étage : Laboratoire pour le dégourdi, nommé *globe*.

dans le baquet à émail. Au sortir du baquet à émail, la pièce dégourdie absorbe l'eau de la couverte et se recouvre d'une couche mince uniforme de substance vitrifiable.

Les pièces, recouvertes de leur émail, doivent alors subir la seconde cuisson. A cet effet, on les place dans des *cazettes* (*fig.* 10), ou cylindres en terre réfractaire destinés à protéger la pièce pendant la cuisson; entre chacune des cazettes formant les piles se trouve du *colombin*, espèce de lut, qui empêche les gaz et les flammes du four de pénétrer dans les cazettes.

Les cazettes sont ensuite disposées en piles à l'intérieur du four à porcelaine (*fig.* 11) au premier et au second étage. Le four est construit en briques réfractaires, dont la muraille a environ 65 centimètres d'épaisseur; cette muraille porte, aux deux premiers étages, des ouvertures communiquant avec des foyers A, A, appelés *alandiers* et dans lesquels on brûle du bois bien sec; la flamme et les produits de la combustion pénètrent dans le four et s'échappent par la partie supérieure du four; la durée de la cuisson est de 30 heures.

Quand la cuisson est terminée, on laisse refroidir le four et on procède au défournement; les pièces, au sortir du four, sont recouvertes d'une glaçure provenant de la vitrification de l'émail; la porcelaine elle-même a subi une semi-vitrification et est devenue translucide.

38. ***Décoration de la porcelaine.*** — La porcelaine est décorée par application de matières colorantes empruntées au règne minéral, telles que les oxydes de cobalt, de chrome, d'urane, de zinc, de manganèse, de cuivre et d'étain, le chromate de plomb, les ocres rouge et jaune, la terre d'ombre et la terre de Sienne. Ces couleurs doivent être vitrifiables : on obtient ce résultat en les mélangeant à des fondants qui leur servent de véhicules; elles doivent être inaltérables à leur température de fusion, conserver l'état vitreux après la cuisson, adhérer fortement à la porcelaine et être en rapport de dilatabilité avec elle. On applique souvent sur la porcelaine de l'or pulvérulent, obtenu en précipitant une dissolution de chlorure d'or par le sulfate de fer; on ajoute à l'or précipité du borax et de l'oxyde de bismuth.

On peut, pour procéder à la décoration de la porcelaine, soit appliquer les couleurs sur la porcelaine dégourdie avant le dépôt d'émail, soit appliquer les couleurs sur la porcelaine cuite revêtue de sa couverte : dans le premier cas, on emploie les couleurs dites de *grand feu;* dans le second cas, les couleurs employées sont appelées couleurs de *moufle.*

Dans la décoration au grand feu, les couleurs, délayées dans de l'essence de térébenthine, sont appliquées à l'aide de pinceaux sur la porcelaine dégourdie; puis, on recouvre la pièce de sa couverte et on la fait cuire au four, comme la porcelaine blanche. Les couleurs pénètrent dans le corps même de la pâte et offrent ainsi une solidité parfaite : leur éclat est beaucoup plus vif que celui des couleurs de moufle; malheureusement, les couleurs de grand feu sont peu nombreuses, tandis que la palette du peintre céramique est très riche en couleurs de moufle.

Dans la décoration au *moufle*, la porcelaine revêtue de sa couverte et cuite reçoit sur son émail les couleurs déposées par le peintre : ces couleurs sont des mélanges d'oxydes métalliques et de fondants délayés dans de l'essence de térébenthine.

La pièce décorée est déposée au séchoir pour évaporer les essences avant la cuisson; puis, on la place dans un *moufle*, espèce de caisse rectangulaire en briques réfractaires placée au centre d'un fourneau en maçonnerie alimenté par du bois à flamme longue et vive : la flamme et les produits de la combustion peuvent circuler autour du moufle, sans pénétrer dans son intérieur. Lorsque les pièces sont placées dans le moufle, on chauffe modérément d'abord; ensuite, on élève progressivement la température et on termine par un feu vif.

39. ***Faïences.*** — La *faïence* fine est formée d'un mélange d'argile plastique et de quartz. La pâte subit la série d'opérations usitées dans la fabrication de la porcelaine : après le dégourdi, on applique sur la faïence une *couverte* ou *émail*, formée de quartz, de carbonate de potassium et d'oxyde de plomb; on soumet la faïence recouverte à une nouvelle cuisson, pendant laquelle elle se recouvre d'une couche vitreuse et imperméable de silicate double de potassium et de plomb. Si la pâte de la faïence est colorée par de l'oxyde de fer, on emploie une couverte opaque,

qui est un véritable émail auquel l'oxyde d'étain a donné de l'opacité.

40. ***Poterie commune.*** — Les objets de poterie commune sont fabriqués avec des argiles ferrugineuses mélangées à du sable et à de la marne : la couverte est un silicate double d'aluminium et de plomb. *Il faut éviter d'y laisser séjourner des aliments gras ou contenant du vinaigre, qui attaqueraient peu à peu la couverte en formant des sels de plomb très vénéneux.*

41. ***Terres cuites.*** — On désigne sous le nom de *terres cuites* tous les objets faits avec des argiles marneuses mêlées de sable : ce sont les *briques*, les *tuiles*, les *pannes*, les *formes à sucre*, les *pots à fleurs*, les *fourneaux à mains*, les *tuyaux de conduite*, etc. La pâte est façonnée à la main ou au tour; puis elle subit une cuisson à une température peu élevée.

Les *briques* sont façonnées au moule, puis séchées à l'air et enfin cuites dans des fours : les *briques réfractaires* sont fabriquées avec des argiles pures additionnées de sable blanc.

42. ***Grès.*** — Les *grès*, dits *grès cérames*, sont des poteries à pâte dure, semi-vitrifiée, mais non translucide : la pâte est faite avec des argiles moins pures que celles qu'on emploie pour la porcelaine. Ils subissent la cuisson à une très haute température; pour les vernir, on projette dans le four, pendant la cuisson, une certaine quantité de *sel marin* humide, qui se vaporise et se décompose au contact des parois argileuses du grès : il se forme alors un silicate double d'aluminium et de sodium produisant un vernis fusible lustrant la surface du grès

---

CHAPITRE IV

CUIVRE

$Cu = 63,5$.

43. ***Minerais de cuivre.*** — Les *minerais* de cuivre sont : le *cuivre natif*, les minerais oxydés, l'*azurite*, la *malachite* et les *composés* sulfurés qui sont de beaucoup les plus abondants.

Les minerais oxydés ou carbonatés, tels que ceux du Pérou, du Chili, de l'Oural, de Chessy, près de Lyon, sont soumis à un traitement très simple : on les réduit par le charbon sous l'action de la chaleur.

Les minerais sulfurés sont : la *chalcosine* Cu^2S, et la *pyrite cuivreuse*, ou *chalcopyrite*, que l'on trouve en Angleterre, en Allemagne, et dans l'Amérique du Sud.

44. ***Traitement métallurgique.*** — Ces minerais sont d'abord grillés à l'air, puis fondus avec une matière siliceuse, au contact du charbon : il en résulte une *matte* fusible, que l'on soumet à une série de grillages et de fusions avec des matières siliceuses, jusqu'à ce qu'elle commence à devenir *malléable;* on obtient le *cuivre noir*, que l'on soumet au raffinage dans un four à réverbère; il se transforme en *cuivre rosette*, et contient un peu de sous-oxyde de cuivre. On ramène le cuivre rosette à l'état de cuivre pur et malléable en le chauffant dans le four à réverbère avec une certaine quantité de poussier de charbon [1].

Le cuivre du commerce n'est jamais pur : il contient toujours du fer, de l'étain, du plomb et de l'argent. Pour obtenir du cuivre chimiquement pur, on plongera des lames de fer dans une solution de sulfate de cuivre : le cuivre se précipitera; on le recueillera, on le lavera et on le fondra dans un creuset avec un peu de borax et d'oxyde de cuivre.

45. ***Affinage électrolytique du cuivre.*** — Le cuivre du

1. La métallurgie du cuivre n'a pu être traitée complètement dans cet ouvrage, dont les limites ne comportent pas un semblable développement.

commerce, obtenu par le traitement métallurgique, est toujours très impur. Pour affiner ce cuivre, on fait l'électrolyse d'une dissolution de sulfate de cuivre en prenant comme *anode* une lame de cuivre impur; le courant électrique transporte le cuivre pur sur la cathode qui est formée par une lame de cuivre pur très mince; les impuretés tombent au fond du bain.

46. ***Propriétés du cuivre.*** — Le **cuivre** est un métal d'un rouge clair, ayant pour densité 8,9 environ, fondant vers 1150° et se vaporisant lentement en colorant en vert la flamme du foyer. Il a une odeur et une saveur sensibles et désagréables. Il est très tenace, très ductile, assez malléable, très bon conducteur de la chaleur et de l'électricité.

Le *cuivre*, chauffé au rouge blanc, brûle à l'air avec une flamme verte, en se recouvrant d'une couche d'*oxyde cuivrique*, CuO, qui se détache en fragments noirâtres par un brusque refroidissement.

Lorsque le cuivre fondu est coulé dans une lingotière, la surface du métal s'oxyde au contact de l'air et se recouvre d'une pellicule rouge d'oxyde cuivreux, Cu^2O, connue sous le nom de *cuivre rosette*.

Le cuivre, exposé à l'air se recouvre d'une couche de *vert-de-gris*, ou *hydrocarbonate de cuivre*, qui le préserve de toute oxydation ultérieure : c'est à la formation du vert-de-gris qu'est due la *patine* des statues en bronze et des objets d'art en cuivre.

Le cuivre se combine directement avec tous les métalloïdes, excepté avec l'azote et le carbone.

Le cuivre est attaqué par l'acide chlorhydrique et par l'acide sulfurique chauds, pour former le *chlorure cuivrique* $CuCl^2$, et le *sulfate de cuivre*, SO^4Cu.

Une lame de cuivre, humectée de vinaigre et exposée à l'air, se transforme en *acétate de cuivre* $(C^2H^3O^2)^2Cu$.

L'acide azotique attaque le cuivre à la température ordinaire, en le transformant en *azotate de cuivre*, $(AzO^3)^2Cu$. Les acides gras attaquent le cuivre.

Le cuivre, est attaqué par l'ammoniaque ordinaire en présence de l'air : il se forme une liqueur bleue, dite *liqueur de Schweitzer*, composée d'azotite d'ammonium et d'azotite de cuivre, ayant la propriété de dissoudre le tissu cellulaire des végétaux.

47. *Alliages du cuivre.* — Le *cuivre pur* ou *cuivre rouge* sert à fabriquer des alambics, des chaudières pour les usines, des ustensiles de cuisine, des feuilles pour doubler les navires, etc.; mais, le plus souvent, on emploie les **alliages** du cuivre avec l'étain, le zinc, l'aluminium et quelques autres métaux usuels.

48. *Bronzes et laiton.* — On appelle *bronzes* des alliages de *cuivre* et d'*étain* plus fusibles et plus tenaces que le cuivre, et devenant malléables et flexibles par la trempe. Certains *bronzes* renferment aussi du zinc et du plomb.

	Bronze type ou bronze des canons.	Bronze des instruments sonores.	Bronzes industriels pour machines.	Robinets pour machines à vapeur.	Bronze des frères Keller, statues de Versailles.	Bronze monétaire.
Cuivre.	90	78 ou 80	81	88	91,40	95
Étain..	10	22 ou 20	17	8	1,70	4
Zinc...	»	»	2	4	5,6	1
Plomb.	»	»	»	»	1,30	»
	100	100	100	100	100 »	100

Pour obtenir le bronze, on fond d'abord le cuivre dans un creuset en terre ou en fonte ou sur la sole d'un four à réverbère; puis, on y ajoute l'étain et enfin le zinc; on brasse la masse et on procède à la coulée.

Depuis quelques années, on emploie le *bronze phosphoré*, qui est plus sonore et se polit plus facilement que le bronze ordinaire : l'emploi du phosphore permet de substituer en partie le zinc à l'étain, ce qui donne à l'alliage une ténacité et une dureté considérables. Il est employé surtout pour la fabrication des cloches, des miroirs de télescope et de certaines pièces des machines à vapeur; la quantité de phosphore introduite dans l'alliage varie de 1 à 3 millièmes.

Le *laiton* est un alliage de *cuivre* et de *zinc*, obtenu par la fusion directe du mélange des deux métaux en proportions diverses, suivant les usages auxquels on destine l'alliage; la couleur du laiton varie du rouge au jaune pâle, suivant que l'on ajoute le zinc en plus ou moins grande quantité.

Le laiton se travaille facilement au marteau; pour qu'il puisse être travaillé à la lime, on lui ajoute un peu de plomb ou d'étain; il peut alors être scié ou travaillé au tour. Voici la composition des principaux laitons :

	Laiton des tourneurs.	Laiton des doreurs.	Laiton à marteler.	Chrysocale ordinaire.	Similor.	Tombac ou cuivre blanc.
Cuivre .	65,0	64,3	70,0	90 0	88,0	97,0
Zinc....	33,3	33,0	30,0	7,9	12,0	2,0
Plomb..	1,5	0.2	»	1,6	»	1,0
Étain...	0,2	2,5	»	0,5	»	»
	100,0	100,0	100,0	100,0	100,0	100,0

Les boutons et les épingles en laiton sont étamés à l'étain en les faisant bouillir avec une dissolution de crème de tartre et d'étain en grenaille : l'étain forme sur la surface des épingles une couche adhérente.

49. ***Bronze d'aluminium.*** — Cet alliage, dû à M. **Debray**, est formé de 90 parties de *cuivre* et de 10 parties d'*aluminium;* il possède une dureté supérieure à celle du bronze ordinaire; il se travaille à chaud aussi facilement que le fer: il a une couleur jaune d'or, qui devient plus pâle si l'on augmente la proportion d'aluminium; l'alliage à 20 p. 100 d'aluminium est blanc, cassant et semblable au métal des miroirs; l'alliage à 5 p. 100 présente la couleur et l'éclat de l'or. Il est employé pour la fabrication d'objets d'orfèvrerie.

50. ***Maillechort.*** — On appelle *maillechort* un alliage formé de :

Cuivre....................................	66
Zinc......................................	13
Nickel....................................	21
	100

On le prépare en fondant d'abord le zinc et le nickel, et en ajoutant le cuivre au moment de la coulée. Il est peu altérable à l'air.

L'*alfénide*, le *métal anglais* sont des variétés de *maillechort*. On les emploie pour la fabrication des cafetières, théières, gobelets, couverts de table, etc.

51. ***Étamage du cuivre.*** — Les ustensiles de cuisine en cuivre doivent être *étamés*, c'est-à-dire recouverts d'une couche intérieure d'étain pour éviter la formation de sels de cuivre vénéneux qui se produiraient au contact du cuivre pendant la cuisson des aliments, par suite de l'attaque du cuivre par les acides gras.

Pour étamer un vase de cuivre, on le chauffe, on le frotte avec du chlorure d'ammonium pour le décaper, et on y introduit de l'étain fondu, que l'on promène sur toute la surface : le cuivre se recouvre d'une couche d'étain. Comme les sels d'étain ne sont pas vénéneux, le cuivre étamé pourra servir à la cuisson des aliments.

On rend souvent la couche d'étain plus adhérente par l'addition d'un dixième de plomb, qui n'est pas dangereux en semblables proportions.

52. ***Sulfate de cuivre.*** — $SO^4Cu + 5H^2O$. — Le *sulfate de cuivre*, ou *couperose bleue*, ou *vitriol bleu*, se prépare en traitant des rognures de cuivre par l'acide sulfurique, échauffé préalablement par de la vapeur d'eau dans des cuves en bois doublées de plomb : on obtient, par évaporation des eaux mères, des cristaux de sulfate de cuivre.

On peut aussi employer les vieilles plaques de cuivre hors d'usage, comme celles qui ont servi au doublage des navires. On les mouille et on les recouvre d'une couche de fleur de soufre; puis on les chauffe au rouge dans un four, sous l'action d'un courant d'air, qui transforme le sulfure de cuivre en sulfate. On retire les plaques du four et on les plonge dans l'eau, qui dissout le sulfate de cuivre et met le métal à nu : on couvre de nouveau celui-ci de soufre en fleurs et on continue le traitement jusqu'à la transformation complète du cuivre en sulfate.

Le *sulfate de cuivre* est un sel *bleu*, cristallisé en prismes obliques transparents s'effleurissant à l'air, perdant quatre molécules d'eau à 100° et devenant anhydre à une température plus élevée, en se transformant en sulfate de cuivre amorphe et blanc; au rouge, il se décompose et laisse comme résidu de l'oxyde de cuivre. — Le sulfate de cuivre est assez soluble dans l'eau, qui en dissout le *quart* de son poids à froid et la *moitié* de son poids à chaud.

Le sulfate de cuivre sert à teindre en violet, en lilas, en

noir; il est employé en galvanoplastie, dans les piles de Daniell, en médecine comme caustique, pour la fabrication de certaines encres, et, en agriculture, pour le *chaulage* des blés, c'est-à-dire pour détruire un petit champignon qui se développe sur les grains de blé conservés dans les greniers.

Le sulfate de cuivre, traité par l'arsénite de potassium, donne un précipité vert d'*arsénite de cuivre*, ou *vert de Scheele*, employé en peinture, notamment dans l'industrie des papiers peints; le *vert de Schweinfurt*, le *vert Véronèse* sont des couleurs vertes arsenicales très vénéneuses.

La solution de sulfate de cuivre traitée par l'ammoniaque donne un précipité d'hydrate de cuivre $Cu(OH)^2$, qui se dissout dans un excès d'ammoniaque pour donner une liqueur bleue appelée *eau céleste*.

CHAPITRE V

ARGENT ET OR

ARGENT

$Ag = 108.$

53. ***Métallurgie de l'argent.*** — Le principal minerai d'argent est le sulfure d'argent ou *argyrose*, Ag^2S. Nous n'indiquerons ici que les principes de la métallurgie de l'argent.

Le sulfure d'argent est transformé en chlorure d'argent par voie sèche ou par voie humide par l'action du sel marin sur l'argyrose. On réduit ensuite le chlorure d'argent par le fer (*procédé saxon*) ou par le mercure (*procédé américain*) : l'argent libre est alors allié au mercure et on distille l'amalgame pour séparer l'argent du mercure.

54. ***Propriétés de l'argent.*** — L'argent est un métal d'un beau blanc, très malléable, très ductile, très bon conducteur de la chaleur et de l'électricité, ayant pour densité 10,5, fondant à 1000°, et cristallisant, par refroidissement du métal fondu, en octaèdres réguliers. L'argent fondu dissout l'oxygène de l'air dans la proportion de 22 volumes d'oxygène pour 1 volume d'argent; en se solidifiant, il abandonne le gaz dissous préalablement en projetant brusquement des parcelles d'argent : on dit alors que l'*argent roche*.

L'argent se volatilise à une température élevée en donnant des vapeurs vertes.

L'*argent* est inaltérable à l'air à la température ordinaire, et même au rouge vif; tous les métalloïdes autres que l'azote peuvent se combiner directement avec lui.

L'acide *azotique*, même étendu, l'attaque très facilement : il se forme un sel d'argent très important, l'**azotate d'argent**, **AzO^3Ag**. L'acide *sulfurique* bouillant et concentré transforme l'argent en sulfate d'argent, **SO^4Ag^2**. L'acide *chlorhydrique* l'attaque à peine. L'acide *sulfhydrique* l'attaque à la température ordinaire, en le recouvrant d'une pellicule noire de sulfure d'argent, **Ag^2S**.

L'argent est inattaquable par les alcalis caustiques fondus : on en fait des capsules et des creusets destinés à opérer la fusion de la potasse et de la soude.

55. ***Oxyde d'argent***, **Ag^2O**. — L'*oxyde d'argent* est une poudre brune, très pesante, que l'on obtient en versant de l'eau de chaux ou une solution de potasse dans une dissolution d'azotate d'argent. Il est peu stable : la chaleur le décompose en argent métallique et en oxygène, vers 400°. L'ammoniaque concentrée le transforme en une poudre noire très explosible appelée *argent fulminant*. C'est un oxyde très énergique, se combinant avec tous les acides forts et même avec le gaz carbonique de l'air.

56. ***Sulfure d'argent***, **Ag^2S**. — Le *sulfure d'argent* se trouve dans la nature à l'état d'*argyrose*. Il se produit toutes les fois que l'acide sulfhydrique humide agit sur l'argent : aussi, la vaisselle d'argent noircit-elle au contact des œufs ou de la moutarde, substances organiques renfermant du soufre. On l'obtient aussi en précipitant une solution d'azotate d'argent par le sulfure d'ammonium.

57. ***Azotate d'argent***, **AzO^3Ag**. — Quand on traite les pièces de monnaie, les vieux bijoux ou de vieilles pièces d'argenterie par l'acide azotique chauffé doucement, il se forme de l'azotate d'argent et de l'azotate de cuivre. On évapore la liqueur à sec et on chauffe le résidu au rouge sombre : l'azotate de cuivre est seul décomposé, l'azotate d'argent fond. On reprend la masse par l'eau; on filtre pour séparer l'oxyde de cuivre et on laisse évaporer la liqueur filtrée et concentrée : l'azotate d'argent cristallise.

L'azotate d'argent cristallise en lamelles rhomboïdales, solubles dans leur poids d'eau froide et dans la moitié de leur poids d'eau bouillante. Il fond au rouge sombre et se décompose au rouge vif, en laissant un résidu d'argent métallique.

L'azotate d'argent fondu, coulé dans une lingotière, se fige en cylindres grisâtres, connus sous le nom de bâtons de *pierre infernale* et employés en médecine pour la cautérisation.

L'azotate d'argent est décomposé lentement par la lumière solaire : aussi doit-on le conserver dans des flacons jaunes ou noirs. Il est décomposé lentement par les matières organiques en laissant un résidu d'argent métallique; il tache la peau en noir.

58. ***Chlorure d'argent*, AgCl.** — Quand on traite une dissolution d'azotate d'argent par l'acide chlorhydrique ou par une dissolution de chlorure de sodium, on obtient un précipité blanc, caillebotté de chlorure d'argent :

$$AzO^3Ag + NaCl = AzO^3Na + \underline{AgCl}.$$

Le précipité est soluble dans l'ammoniaque et dans l'hyposulfite de sodium.

Le chlorure d'argent est réduit par la lumière solaire et par les radiations bleu, indigo et violet : il se dépose de l'argent métallique pulvérulent noir et le chlore est mis en liberté; la réduction est favorisée par la présence d'une matière organique, comme le papier ou la gélatine; cette propriété est utilisée en photographie.

59. ***Bromure d'argent*, AgBr.** — On l'obtient en précipitant l'azotate d'argent par le bromure de potassium : on obtient un précipité caillebotté jaunâtre, très sensible à l'action de la lumière et soluble dans l'hyposulfite de sodium et dans le cyanure de potassium. On l'incorpore à la gélatine pour préparer les plaques photographiques, dites plaques à la gélatine bromée.

60. ***Cyanure d'argent,*** **AgCy.** — On l'obtient en précipitant l'azotate d'argent par le cyanure de potassium en quantité strictement suffisante. Il est soluble dans un excès de cyanure alcalin : il sert à préparer le bain d'argent pour l'argenture galvanique.

61. ***Plaques et papiers photographiques.*** — Les plaques photographiques sont des plaques de verre recouvertes d'une couche de gélatine à laquelle on a incorporé du bromure d'argent.

Les papiers photographiques sont recouverts d'une pellicule d'albumine ou de gélatine servant de support à un sel insoluble d'argent, chlorure, bromure ou lactate d'argent.

Les résidus liquides de la photographie sont traités de la manière suivante : on en précipite l'argent au moyen d'une lame de cuivre; on recueille l'argent pulvérisé, on le lave, on le sèche et on le fond avec un peu de borax et de salpêtre. Les papiers photographiques doivent être brûlés; leurs cendres sont fondues avec 50 p. 100 de carbonate de sodium sec et 25 p. 100 de sable.

62. ***Argenture sur verre.*** — On peut, au moyen de certains corps organiques, réduire l'argent de ses sels à l'état d'une couche continue, brillante et adhérente au verre. L'industrie tire parti de cette propriété pour argenter des surfaces courbes (ballons, miroirs de télescope) et faire des glaces ordinaires. On prépare :

1° Une solution d'azotate d'argent contenant 10 grammes de ce sel pour 100 grammes d'eau distillée.

2° Une solution d'ammoniaque renfermant 1 volume d'ammoniaque pure à 24° et 4 volumes d'eau distillée.

3° Une solution de 4 grammes de soude caustique dans 100 grammes d'eau.

4° Une solution de sucre interverti préparée en faisant bouillir pendant un quart d'heure 10 grammes de sucre avec 100 grammes d'eau et $0^{gr},5$ d'acide azotique. On y ajoute, après refroidissement, 20 centimètres cubes d'alcool (pour empêcher la fermentation) et on complète 200 centimètres cubes avec de l'eau.

Pour argenter, on mêle 12 centimètres cubes de la solution argentifère et 8 centimètres cubes de la liqueur ammoniacale, puis l'on ajoute à ce liquide 20 centimètres cubes de la solution de soude et 60 centimètres cubes d'eau distillée.

On additionne cette liqueur de son dixième de la solution de sucre interverti, et on plonge dans ce mélange la surface à argenter, nettoyée préalablement à l'aide d'un tampon de coton imprégné d'une solution de soude additionnée d'alcool.

63. ***Alliages d'argent.*** — L'argent est trop mou pour être employé seul; on l'allie toujours avec du cuivre.

Voici la composition des principaux alliages français :

	Argent.	Cuivre.	Tolérance.
Monnaie ordinaire........... ..	900	100	$\frac{2}{1000}$
Monnaie divisionnaire...... ...	835	165	$\frac{3}{1000}$
Médailles, vaisselle..	950	50	$\frac{2}{1000}$
Bijoux...........	800	200	$\frac{5}{1000}$

Ces alliages éprouvent une forte liquation, quand on les prépare : aussi la loi accorde-t-elle une tolérance de 2 millièmes pour les monnaies et de 5 millièmes pour les bijoux et les médailles, ainsi que pour l'argenterie de table.

Ces alliages sont soumis à un contrôle très sévère de la part de l'État : leur titre est vérifié par les essayeurs, à la Monnaie de Paris.

OR

Au = 196,4.

64. ***Métallurgie de l'or.*** — L'or se trouve toujours, à l'état natif, en *pépites*, ou en paillettes, au milieu de sables charriés par les eaux. Ces sables sont lavés dans des auges en bois ou sur des tables inclinées; les matières sablonneuses sont entraînées, grâce à leur faible densité; l'or reste. On amalgame le résidu aurifère pour le séparer des sables non enlevés par le lavage, puis on soumet l'amalgame à la distillation, pour séparer l'or d'avec le mercure.

65. ***Propriétés de l'or.*** — L'or est un métal jaune par réflexion et vert par transparence, ayant pour densité 19,5, fondant à 1250° et se volatilisant à une température plus élevée, en produisant des vapeurs vertes. L'or est le plus ductile et le plus malléable des métaux; on en fait, par le battage au marteau, des feuilles d'or ayant un millième de millimètre d'épaisseur.

L'or est *inaltérable* à l'air à toute température; c'est un *métal précieux* par excellence; le chlore et le brome l'attaquent à froid. Il se dissout dans le mercure et peut former des alliages avec la plupart des métaux à une température élevée.

Les acides sont sans action sur l'or; l'*eau régale* seule l'attaque et le transforme en *chlorure d'or*, $AuCl^3$.

66. ***Chlorure d'or***, $AuCl^3$. — Ce sel est le seul sel d'or, soluble dans l'eau, usité dans les laboratoires ou dans les arts : on l'obtient en traitant l'or par l'eau régale et en évaporant lentement la dissolution obtenue; il se forme des cristaux jaunes ayant pour formule $AuCl^3,HCl$ Ces cristaux, chauffés, abandonnent l'excès d'acide chlorhydrique et se transforment en une nappe cristalline de chlorure d'or anhydre, soluble dans l'eau, l'alcool et l'éther. La solution de chlorure d'or est réduite par la lumière, l'oxyde de carbone, l'acide oxalique, le sulfate de fer, avec précipitation d'or métallique pulvérulent d'un brun verdâtre; les matières organiques le réduisent également.

Le chlorure d'or est employé en photographie pour le tirage des épreuves positives sur papier. L'or du chlorure d'or est chassé de ce sel par l'argent métallique qui imprègne le papier dans les noirs de l'épreuve; ceux-ci se recouvrent alors d'un dépôt violacé d'or métallique.

67. ***Alliages d'or.*** — L'or est trop mou pour pouvoir être employé seul : on l'allie toujours au cuivre.

Voici la composition des principaux alliages de ces deux métaux :

	Or.	Cuivre.	Tolérance.
Monnaies	900	100	$\frac{2}{1000}$
Médailles	916	84	$\frac{2}{1000}$
Bijoux	750 840 920	250 160 80	$\frac{5}{1000}$

68. *Usages de l'or.* — L'or est employé pour frapper la monnaie d'or, les médailles d'or et pour la bijouterie; on le réduit en feuilles pour la dorure sur bois; on le dépose en couches minces sur le cuivre, le laiton, le bronze et l'argent. Autrefois, on dorait au feu; on recouvrait la pièce à dorer d'un amalgame d'or et on la chauffait; le mercure se volatilisait et il restait sur la pièce un dépôt adhérent d'or métallique, que l'on brunissait en le frottant avec un *brunissoir;* la dorure au feu tend à être remplacée aujourd'hui par la dorure galvanique.

LIVRE II

CHIMIE ORGANIQUE

CHAPITRE PREMIER

NATURE DES MATIÈRES ORGANIQUES

69. *Matières organiques.* — La *chimie organique* a pour objet l'étude des matières contenues dans les *êtres vivants*.

Ces matières, appelées *matières organiques*, se divisent en *substances* **organisées** et *substances* **organiques proprement dites.** Les substances **organiques** sont de *véritables espèces chimiques*, ayant un point de fusion et un point d'ébullition parfaitement déterminés, pouvant parfois cristalliser et présentant des qualités physiques qui les rapprochent des corps minéraux; tels sont : l'*alcool*, le *sucre*, l'*acide oxalique*, l'*acide acétique*, la *benzine*, la *quinine*, l'*urée*, etc.

Les substances *organisées* sont celles qui font partie constitutive des organes vitaux. Elles ne cristallisent pas, et ne peuvent, sans s'altérer, passer de l'état solide à l'état liquide ou de l'état liquide à l'état gazeux : tels sont la *cellulose*, l'*amidon*, l'*albumine*, la *fibrine*, etc.

70. *Analyse immédiate.* — Les matières organiques ne sont généralement pas isolées; les produits que l'on extrait des animaux et des végétaux sont des mélanges de **principes immédiats** que l'on peut isoler par l'analyse immédiate.

La *farine*, le *lait*, le *jus de citron* et le *vin* vont nous servir d'exemples pour justifier cette assertion.

1° **Farine.** — Prenons de la *farine* et délayons-la avec de l'eau; un quart d'heure après, plaçons la pâte dans le creux de la main gauche et faisons tomber sur la pâte un filet d'eau continu, tout en triturant la pâte avec la main droite. Le filet d'eau entraînera des grains très petits d'une matière blanche que l'on appelle l'*amidon*. Il restera dans la main une masse grise, élastique, que l'on appelle le *gluten*.

La *farine* est donc un mélange d'*amidon* et de *gluten;* l'amidon et le gluten sont les *principes immédiats* de la farine.

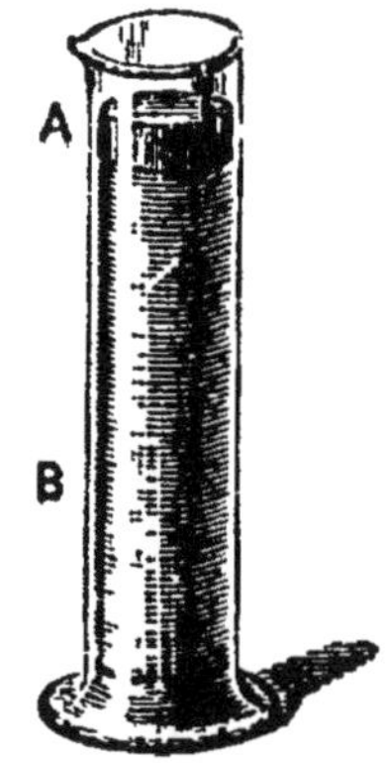

Fig. 12. — **Lait avec crème.** — A, crème; B, lait écrémé.

L'eau nous a servi à séparer l'amidon du gluten : nous avons fait l *analyse immédiate* de la farine.

2° **Lait.** — Abandonnons du *lait* à lui-même dans une éprouvette (*fig.* 12); le lait se séparera en deux couches. La couche supérieure A, ou *crème*, est formée de globules gras qui serviront à faire du *beurre*.

La couche inférieure B, ou *lait écrémé*, sera formée d'eau tenant en dissolution, entre autres substances, une matière sucrée appelée *sucre de lait*.

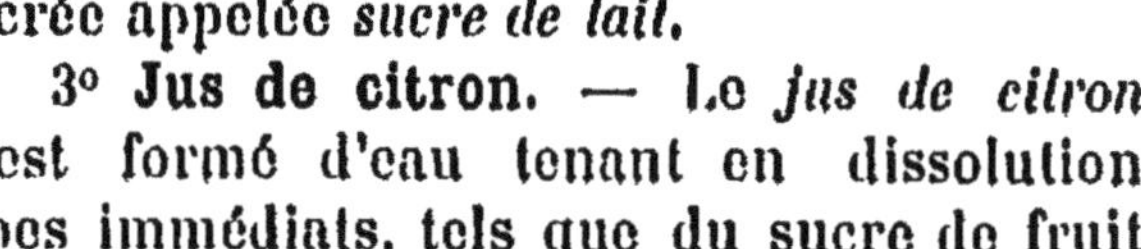

3° **Jus de citron.** — Le *jus de citron* est formé d'eau tenant en dissolution plusieurs principes immédiats, tels que du sucre de fruit ou *glucose*, un acide qui est appelé *acide citrique*, etc.

4° **Vin.** — On peut extraire du *vin* un grand nombre de principes immédiats, tels que de l'*eau*, de l'*alcool*, des *essences aromatiques*, du *tanin*, des *sels alcalins*, etc.

La plupart des matières élaborées par les animaux ou les végétaux sont de même des mélanges de plusieurs principes immédiats.

L'*analyse immédiate* est l'opération par laquelle on isole les principes immédiats formant par leur mélange une matière organique naturelle ou artificielle donnée. Cette séparation présente quelquefois de grandes difficultés, car elle doit être effectuée sans altérer les matières organiques.

On a recours aux actions mécaniques, aux dissolvants, tels que l'eau, l'alcool, l'éther, le chloroforme, les essences, ou bien on soumet les substances à l'action de la chaleur de manière à fondre ou à vaporiser quelques-unes des espèces chimiques sans les altérer.

71. ***Analyse qualitative élémentaire.*** — L'analyse élémentaire a pour but de déterminer la nature et la proportion des corps simples qui constituent une espèce chimique.

Lorsque l'on fait l'analyse élémentaire qualitative des matières organiques, on trouve que toutes les matières organiques renferment du **carbone**; aussi peut-on dire que la chimie organique est l'étude des composés du carbone.

Prenons, en effet, de l'*essence de citron* et dirigeons sa vapeur à travers un tube de porcelaine chauffé au rouge : nous recueillerons de l'hydrogène et nous trouverons dans le tube un dépôt de charbon.

Carbone et *hydrogène*, voilà les deux éléments de l'essence de citron.

Chauffons maintenant un morceau de *sucre* dans un petit tube à essai : il se dégagera une grande quantité de vapeur d'eau, et il restera dans le tube une masse poreuse, noire, très légère, qui est du carbone amorphe pur, ou *charbon de sucre*. Le sucre était donc formé par du *carbone*, de l'*hydrogène* et de l'*oxygène*.

L'*albumine*, ou blanc d'œuf, fournit, quand on la chauffe, un dépôt de charbon, de la vapeur d'eau et de l'ammoniaque : elle est donc formée de *carbone, hydrogène, oxygène et azote*.

Les quatre éléments fondamentaux des substances organiques sont donc : le **carbone, l'hydrogène, l'oxygène** et **l'azote**. On y trouve accidentellement du soufre, du phosphore, etc.

Remarque. — En soumettant les matières organiques naturelles à l'action de réactifs chimiques convenablement choisis, on peut préparer des *produits artificiels* dans lesquels pourront entrer la plupart des corps simples de la chimie, tels que le chloroforme, l'iodoforme, etc.

72. ***Classification des matières organiques.*** — Les matières organiques ont été classées par groupes renfermant des corps de fonction chimique semblable.

1° **Carbures d'hydrogène.** — Les **carbures d'hydrogène**

sont des corps formés **exclusivement** de *carbone* et d'*hydrogène*.

Méthane	CH^4
Éthylène	C^2H^4
Acétylène	C^2H^2
Benzine	C^6H^6.

2° **Alcools**. — Les **alcools** sont des composés de *carbone*, d'*hydrogène* et d'*oxygène*.

Alcool de vin	$C^2H^5(OH)$
Glycol	$C^2H^4(OH)^2$
Glycérine	$C^3H^5(OH)^3$.

Les *alcools*, en **réagissant** sur les acides, donnent naissance aux *éthers*.

3° **Phénols**. — Les **phénols** sont analogues aux alcools; ils diffèrent des alcools en ce qu'ils jouent à la fois le rôle d'alcool et le rôle d'acide.

Phénol	$C^6H^5(OH)$
Hydroquinone	$C^6H^4(OH)^2$.

4° **Éthers**. — Les **éthers** résultent de la réaction des acides sur les alcools.

Éther chlorhydrique	C^2H^5Cl
Éther acétique	$C^2H^3O^2(C^2H^5)$.

5° **Aldéhydes**. — Les **aldéhydes** sont le résultat de la *déshydrogénation* des alcools.

Aldéhyde ordinaire	C^2H^4O
Aldéhyde benzylique	C^7H^6O.

6° **Acides**. — Les **acides organiques** sont des corps identiques aux **acides minéraux**. Ils forment des sels métalliques, comme le font les acides minéraux.

Acide acétique	$C^2H^3O^2(H)$
Acide oxalique	$C^2O^4(H^2)$.

7° **Alcalis**. — Les **alcalis artificiels** résultent de la réaction de l'ammoniaque sur les alcools et les phénols.

Éthylamine	$AzH^2(C^2H^5)$
Phénylamine	$AzH^2(C^6H^5)$.

Les **alcalis naturels** ou *alcaloïdes* sont la *quinine*, la *morphine*, la *nicotine*, etc.

8° **Matières sucrées.** — Les matières sucrées sont considérées comme des *hydrates de carbone;* ce sont, par exemple, le *glucose* et la *saccharose*.

9° **Matières amylacées.** — Ce sont l'amidon et la fécule. A ce groupe se rattachent la *cellulose* et le *coton*.

10° **Matières azotées.** — Ce sont l'*albumine*, la *fibrine*, la *gélatine*, la *caséine*, le *gluten*, etc.

CHAPITRE II

CARBURES D'HYDROGÈNE

73. *Séries homologues.* — Les *carbures d'hydrogène* sont des *corps neutres*, les uns gazeux, les autres liquides, les autres solides et cristallisés, différant les uns des autres par leurs propriétés physiques et chimiques.

On les divise en cinq séries homologues :

1° Les *carbures forméniques*, de formule C^nH^{2n+2}, dont le type est le **formène**, CH^4.

2° Les *carbures éthyléniques*, de formule C^nH^{2n}, dont le type est **l'éthylène**, C^2H^4.

3° Les *carbures acétyléniques*, de formule C^nH^{2n-2}, dont le type est **l'acétylène**, C^2H^2.

4° Les *carbures camphéniques*, de formule C^nH^{2n-4}, dont le type est **l'essence de térébenthine**, $C^{10}H^{16}$.

5° Les *carbures benzéniques*, C^nH^{2n-6}, dont le type est la **benzine**, C^6H^6.

Les carbures de chaque série forment une suite de **corps homologues**, différant entre eux par CH^2 : les propriétés chimiques générales sont les mêmes pour tous les corps d'une même série. Toutes les formules sont rapportées à **deux volumes** de gaz, de sorte que la masse spécifique croît au fur et à mesure que l'on s'élève dans la série. Aussi, dans chaque série, les premiers termes sont généralement gazeux, mais les termes suivants ne tardent pas à prendre l'état liquide et même l'état solide. Les points d'ébullition des carbures d'une même série s'élèvent aussi progressivement de 20 à 25°, en moyenne, d'un carbure au suivant.

MÉTHANE

CH^4

74. ***Généralités.*** — Les carbures forméniques sont appelés des **carbures saturés**, parce qu'ils ne peuvent donner naissance à aucun *produit d'addition*. Ils peuvent, au contraire, donner naissance à des produits de *substitution*. Ces carbures sont :

Méthane.............................	CH^4
Éthane..............................	C^2H^6
Propane.............................	C^3H^8
Butane..............................	C^4H^{10}.

Les *pétroles* divers sont des mélanges de carbures forméniques.

75. ***Méthane*, CH^4.** — Le *méthane*, ou *formène*, ou *grisou*, se rencontre dans la nature dans des conditions diverses :

1° Il se dégage en abondance du sein de la terre pendant les éruptions volcaniques.

2° Il s'échappe souvent des sources de pétrole et constitue les gaz inflammables que l'on rencontre en Dauphiné, en Chine, en Pennsylvanie, etc.

3° Il se développe spontanément aux dépens de certaines espèces de houilles : il constitue ce que l'on appelle le *grisou*, qui, mélangé à l'air, détone lorsqu'on l'enflamme et produit des accidents très graves.

4° Il se développe par la décomposition spontanée des végétaux enfouis sous l'eau dans la vase de nos marais : de là le nom de **gaz des marais**, qui lui est donné communément.

5° Il fait partie des gaz intestinaux.

76. ***Préparation du méthane.*** — Pour obtenir du *méthane*, il suffit d'agiter la vase des marais avec un bâton (*fig.* 13) et de recueillir le gaz dans un flacon renversé rempli d'eau et muni d'un entonnoir.

Fig. 13. — Extraction du méthane. — On agite la vase du marais avec un bâton : le formène se dégage.

Dans les laboratoires on prépare le méthane par le procédé de Dumas. On chauffe dans une petite cornue de verre vert ou de grès un mélange de 30 grammes d'acétate de sodium fondu, $C^2H^3O^2Na$, et de 120 grammes de chaux sodée[1] : on recueille le formène sur la cuve à eau ou à mercure :

$$C^2H^3O^2Na + Na(OH) = CH^4 + CO^3Na^2.$$

77. ***Propriétés du méthane.*** — Le méthane est un gaz incolore, inodore, neutre, de densité 0,559, très peu soluble dans l'eau et très difficilement liquéfiable.

Le méthane est éminemment combustible; il brûle dans l'air avec une flamme très éclairante, en produisant de l'eau et de l'anhydride carbonique.

$$CH^4 + 2O^2 = CO^2 + 2H^2O.$$

Mélangé à l'air, il forme un mélange détonant doué d'un pouvoir brisant considérable, qui fait explosion quand on en approche un corps enflammé : de là les dangereuses explosions de *feu grisou* dans les mines de houille et les explosions du mélange de gaz d'éclairage et d'air atmosphérique.

La combustion dans l'oxygène pur exige deux volumes d'oxygène pour un volume de méthane; la combustion dans l'air exige dix volumes d'air; la détonation est d'autant plus faible que la proportion d'air est plus considérable; au delà de douze volumes d'air, il n'y a plus de détonation.

Le méthane est un **carbure saturé**; par conséquent on ne peut obtenir de dérivés du méthane que par **substitution** à l'hydrogène, d'éléments ou de radicaux, conformément à leur valence. Ainsi, par exemple, le **chlore** se substi-

1. La chaux sodée s'obtient en calcinant la chaux vive avec la moitié de son poids de soude caustique.

tuera, *atome à atome*, à l'hydrogène du méthane, pour former les produits :

$$CH^3Cl$$
$$CH^2Cl^2$$
$$CHCl^3$$
$$CCl^4.$$

Sous l'action de la chaleur, le chlore réagit au rouge sur le méthane :

$$CH^4 + 2Cl^2 = 4HCl + C.$$

On met le feu à un mélange de un volume de méthane et de deux volumes de chlore; on obtient une flamme très éclairante avec un dépôt de noir de fumée et formation de vapeurs d'acide chlorhydrique.

Ce gaz entre, pour la moitié environ, dans la composition du gaz d'éclairage.

78. ***Feu grisou. Lampe de Davy.*** — Le méthane se dégage spontanément dans les houillères et s'accumule dans les parties supérieures des galeries, où, mélangé à l'air, il forme un mélange explosif, détonant avec une violence extrême, lorsqu'un mineur pénètre dans la galerie avec une lampe allumée. Le grisou, en faisant explosion, projette les malheureux ouvriers mineurs contre les parois des galeries ou les ensevelit sous les quartiers de rochers détachés de la mine par la violence de l'explosion.

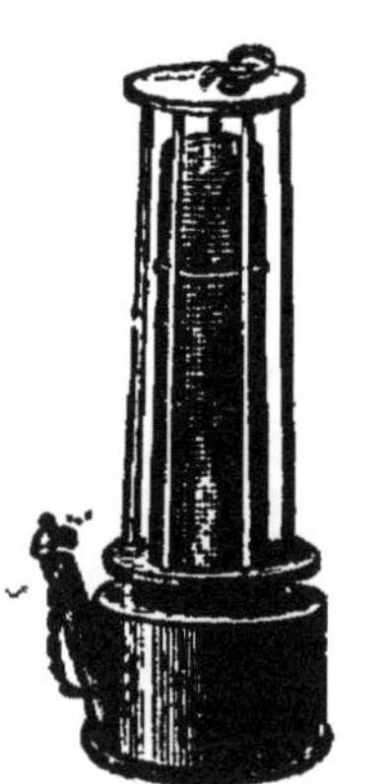

FIG. 14. — Lampe de Davy.

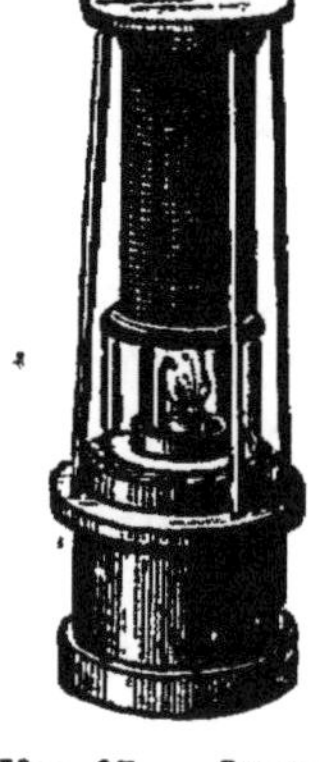

FIG. 15. — Lampe Combes.

Davy eut alors l'idée de substituer aux tubes de verre qui forment la cheminée de la lampe des mineurs un cylindre en toile métallique ne présentant aucune solution de continuité; il construisit ainsi la lampe de sûreté, connue sous le nom de *lampe de Davy* (*fig.* 14). **M. Combes,** pour rendre la lampe plus éclairante, remplace la partie inférieure de la toile métallique par un tube en verre très fort (*fig.* 15).

L'explosion se produit dans l'intérieur de la toile métallique; mais elle ne peut se propager au dehors, eu égard à ce fait que la toile métallique refroidit au-dessous du rouge la flamme qui s'est produite dans l'intérieur de la cheminée; en outre la lampe s'éteint faute d'oxygène.

ÉTHANE

C^2H^6

79. ***Propriétés de l'éthane.*** — *L'éthane* est un carbure d'hydrogène gazeux qui se comporte comme le méthane vis-à-vis des réactifs chimiques. L'éthane se dégage des puits à pétrole; on peut allumer le gaz qui se dégage et utiliser la flamme pour se chauffer ou pour faire cuire les aliments (*puits de feu*).

Dans les laboratoires, on prépare l'éthane en traitant l'iodure de méthyle par le sodium; on peut aussi décomposer le zinc-éthyle par l'eau.

L'éthane est un gaz incolore, inodore, de densité 0,75, très peu soluble dans l'eau, beaucoup plus soluble dans l'alcool.

C'est un carbure saturé, comme le méthane, et les réactifs ont peu d'action sur lui. Cependant, le chlore, sous l'action de la lumière, donne avec lui des dérivés chlorés, analogues à ceux que donne le méthane : $C^2H^5Cl, C^2H^4Cl^2$, etc.

PÉTROLES

80. ***Pétroles.*** — Les **pétroles** sont des carbures d'hydrogène analogues au méthane; ils sont constitués par des carbures d'hydrogène saturés dont le point d'ébullition varie depuis 4° jusqu'à 500°, mélangés en proportions variables.

Le pétrole, tel qu'on l'extrait des puits de pétrole, est du pétrole *brut*.

Chauffons le pétrole brut à 70°, et recueillons les produits volatils qui ont distillé, nous obtiendrons des *huiles légères de pétrole*. Chauffons le résidu de cette première distillation jusqu'à 120°, et recueillons le nouveau produit distillé : ce sera l'*essence de pétrole*. Chauffons le résidu de cette deuxième distillation jusqu'à 280°, nous recueillerons l'*huile lampante de pétrole*, qui sert communément à l'éclairage, etc.

On voit donc que le pétrole brut distillé fournit un certain nombre de produits commerciaux :

1° Les *huiles légères de pétrole*, bouillant entre 35° et 70°. Ce sont des corps très inflammables, très dangereux à manier et sans usages pratiques.

2° L'*essence de pétrole*, ou *pétrole pur*, bouillant entre 70° et 120°. Le pétrole pur est un liquide ayant pour densité 0,8, semblable à une huile odorante et volatile. Il est très inflammable; quand on en approche un corps enflammé, il prend feu à distance *par inflammation de sa vapeur;* il brûle avec une flamme bleuâtre, en produisant une fumée épaisse.

3° L'*huile de pétrole rectifiée* ou *huile lampante* bout entre 150° et 280°; elle **n'émet pas de vapeurs à la température ordinaire** et on peut y plonger sans danger une allumette enflammée.

On voit que l'huile de pétrole rectifiée ou *huile lampante* doit être la seule employée pour l'éclairage. Malheureusement, dans le commerce, on vend sous le nom de *pétrole* un mélange d'*huiles légères de pétrole*, d'*essence de pétrole* et d'*huile lampante*. Un pareil mélange dégage des *vapeurs* très facilement inflammables. On doit donc éviter avec soin le transvasement du pétrole à côté d'une bougie allumée ou d'une lumière quelconque. Si, par malheur, le pétrole prenait feu, *il faut bien se garder de jeter de l'eau dessus :* on essaiera de l'éteindre soit avec des torchons, soit avec du sable, soit avec des cendres.

4° Les *huiles lourdes de pétrole* contiennent des carbures d'hydrogène dont le point d'ébullition est compris entre 300° et 400°; elles ne sont plus propres à l'éclairage; on les emploie pour le chauffage ou pour graisser les machines.

5° Lorsque l'on ne pousse pas la distillation du pétrole jusqu'au bout et qu'on abandonne le résidu de la distillation à l'évaporation lente à l'air libre, on obtient une substance onctueuse, inodore, qui, décolorée par le noir animal, forme une matière butyreuse, appelée la *vaseline*, employée aujourd'hui en pharmacie pour remplacer l'axonge dans la préparation des pommades.

81. Applications du pétrole. — Les *huiles légères de pétrole* et l'*essence de pétrole* n'ont pas d'usages domestiques. L'*huile lampante* est surtout employée pour l'éclairage : à cet effet, on brûle les huiles lampantes de pétrole dans des lampes très simples formées d'un réservoir dans lequel plonge une mèche de coton; les huiles lourdes de pétrole sont employées pour le chauffage.

82. Paraffine. — Parmi les carbures solides et cristallisables contenus dans les pétroles, le plus important est la *paraffine*. On l'obtient en soumettant au refroidissement les huiles lourdes de pétrole qui passent à la distillation entre 300 et 400 degrés. On obtient un dépôt que l'on purifie par expression et que l'on décolore par le noir animal.

La *paraffine* est un corps solide, incolore, fondant vers 55°, bouillant vers 350°, et émettant, vers 125°, des vapeurs blanches facilement inflammables et brûlant à l'air avec une flamme brillante. La *paraffine* est utilisée pour faire des bougies transparentes et pour rendre imperméables à l'eau les bouchons, les tissus, les jus sucrés, etc. La paraffine est un excellent isolant électrique.

ÉTHYLÈNE

C^2H^4

83. Carbures éthyléniques. — Les *carbures éthyléniques*, de formule C^nH^{2n}, forment une série très importante; ils sont caractérisés par la propriété de donner naissance à des produits d'*addition* avec le *chlore* et le *brome* :

$$C^2H^4 + Cl^2 = C^2H^4Cl^2.$$

On dit alors que ces carbures *ne sont pas saturés;* on les prépare par déshydratation d'un alcool primaire de la série grasse. Le plus important de ces carbures est l'*éthylène*.

84. Éthylène, C^2H^4. — On prépare l'éthylène en déshydratant l'alcool ordinaire $C^2H^5(OH)$, à l'aide de l'acide sulfurique, à une température supérieure à 140° :

$$C^2H^5(OH) = C^2H^4 + H^2O.$$

L'opération se fait dans un ballon (*fig.* 16) muni d'un tube abducteur communiquant avec une série de flacons laveurs, dont le premier renferme une dissolution de potasse, et le second de l'acide sulfurique concentré. On introduit dans le ballon un mélange de 100 centimètres cubes d'alcool et de 200 centimètres cubes d'acide sulfu-

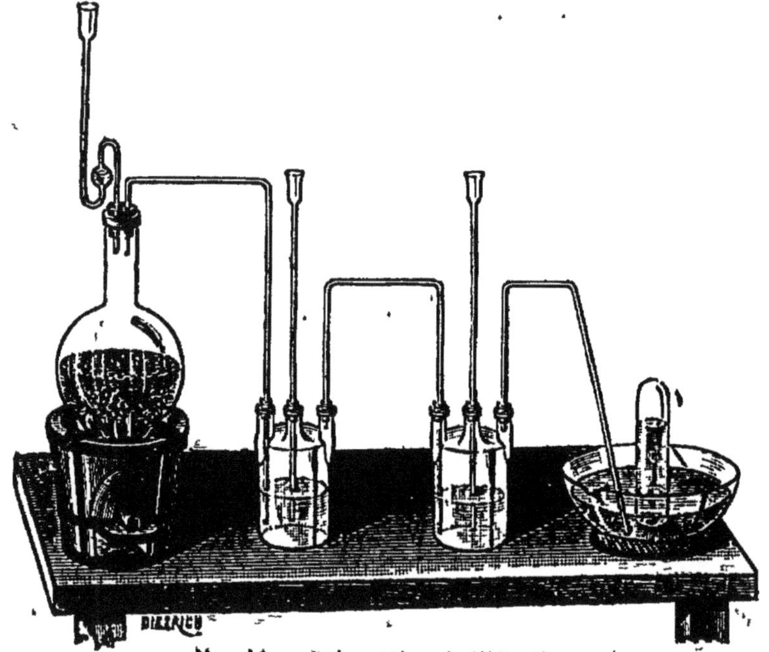

Fig. 16. — Préparation de l'éthylène.

rique, auquel on ajoute du sable pour empêcher la masse de se boursoufler. On chauffe avec précaution vers 160°. Il se dégage de l'éthylène, de la vapeur d'éther, de l'anhydride sulfureux, de l'anhydride carbonique, etc. Le gaz se purifie dans les flacons-laveurs et vient se rendre dans des éprouvettes reposant sur la cuve à eau ou à mercure.

85. ***Propriétés de l'éthylène.*** — **L'éthylène** est un gaz incolore, ayant une odeur de marée, sa densité est égale à 0,97; il est très peu soluble dans l'eau et un peu plus soluble dans l'alcool.

Il est très combustible : il brûle avec une flamme très éclairante, en produisant de l'eau et de l'anhydride carbonique :

$$C^2H^4 + 3O^2 = 2CO^2 + 2H^2O.$$

Le mélange de 1 volume d'éthylène et de trois volumes d'oxygène constitue un mélange détonant doué d'un pouvoir explosif considérable : si on l'effectue dans un flacon de verre, celui-ci est toujours brisé; pour répéter l'expérience, on aura soin d'entourer le flacon de plusieurs linges.

L'éthylène n'est pas saturé; par conséquent, il pourra donner naissance à des produits d'addition.

Quand on mélange dans une éprouvette des *volumes égaux* d'éthylène et de chlore, les deux gaz disparaissent peu à peu; ils se combinent, par addition, sous l'action de la lumière pour former des gouttelettes liquides qui tombent au fond de l'éprouvette; on obtient ainsi le *bichlorure d'éthylène*, $C^2H^4Cl^2$, appelé aussi liqueur des Hollandais.

Si le chlore est en excès, on obtient de l'acide chlorhydrique et des produits de substitution, $C^2H^3Cl^3$, $C^2H^2Cl^4$, etc.

Enfin, si on enflamme un mélange d'*un* volume d'éthylène et de *deux* volumes de chlore, on voit une flamme rougeâtre se produire et la surface du récipient se recouvre de noir de fumée :

$$C^2H^4 + 2Cl^2 = 4HCl + 2C.$$

Le **brome** absorbe complètement l'éthylène pour former la liqueur des Hollandais bromée, $C^2H^4Br^2$.

L'éthylène se produit, en petites quantités, dans la distillation de la houille; il contribue à augmenter l'éclat de la flamme du gaz d'éclairage.

ACÉTYLÈNE

C^2H^2.

86. ***Production de l'acétylène.*** — 1° L'acétylène est le seul carbure d'hydrogène qui ait pu être obtenu par combinaison directe du carbone et de l'hydrogène. On fait passer un courant d'hydrogène à travers l'œuf électrique (*fig.* 17) et on fait jaillir l'arc électrique entre les deux crayons de charbon; il y a combinaison directe du carbone et de l'hydrogène pour former l'*acétylène;* on reconnaît la présence de l'acétylène en faisant passer le gaz à travers une dissolution de chlorure cuivreux ammoniacal : on

obtient un *précipité rouge* caractéristique de l'acétylène.

2° L'acétylène prend naissance dans la décomposition de la plupart des matières organiques par la chaleur ou l'électricité, ainsi que dans la combustion incomplète de presque toutes les matières organiques. Si on met dans une éprouvette un peu d'éther et de chlorure cuivreux ammoniacal dissous et si on fait brûler l'éther à l'orifice de l'éprouvette, on obtient, dans l'intérieur de l'éprouvette,

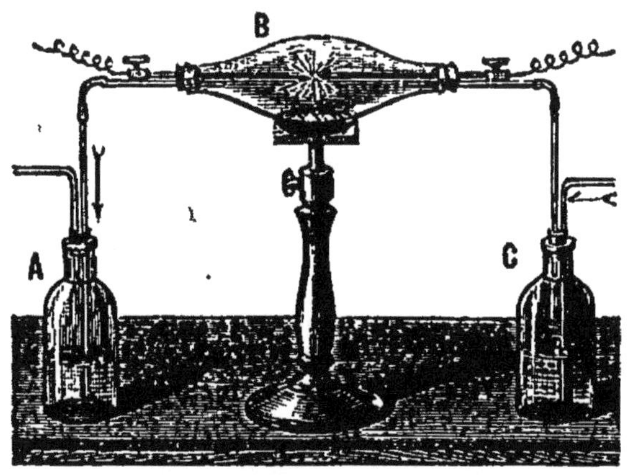

Fig. 17. — **Synthèse de l'acétylène.** — C, flacon contenant de l'acide sulfurique pour dessécher le courant d'hydrogène; B, œuf électrique; A, flacon contenant une solution de chlorure cuivreux ammoniacal.

un dépôt rouge d'acétylure de cuivre caractéristique de l'acétylène.

3° Le procédé pratique de préparation de l'acétylène est celui qui consiste à décomposer le *carbure de calcium* par l'eau froide. Le carbure de calcium s'obtient en réduisant, au four électrique, la chaux par le charbon : il se forme du carbure de calcium, C^2Ca, et de l'oxyde de carbone. Le carbure de calcium plongé dans de l'eau froide produit immédiatement de l'acétylène très pur.

$$C^2Ca + 2H^2O = C^2H^2 + Ca(OH)^2.$$

Dans l'industrie, on trempe le carbure de calcium pendant plusieurs jours dans du pétrole et on le recouvre ensuite d'une couche de sirop de glucose qui se solidifie et forme un vernis protecteur contre l'action de la vapeur d'eau de l'atmosphère; on obtient ainsi l'*acétylithe*. En plongeant l'acétylithe dans l'eau, le dégagement d'acétylène ne se fera qu'à la surface du fragment d'acétylithe et le dégagement cessera quand ce fragment d'acétylithe ne sera plus immergé complètement dans l'eau; on évite ainsi la *surproduction* du gaz toujours dangereuse dans les petits appareils industriels.

87. ***Propriétés et usages de l'acétylène.*** — *L'acétylène* est un gaz incolore, d'une odeur fétide, ayant pour densité 0,91, facilement liquéfiable. L'acétylène, sous la pression de 3 atmosphères, est décomposé très facilement par l'étincelle électrique en donnant de l'hydrogène et du noir de fumée très pur.

L'acétylène est très *combustible;* il brûle avec une flamme blanche très éclairante et très fumeuse; aussi, dans l'emploi de l'acétylène pour l'éclairage, il faut employer des becs spéciaux dits *becs Manchester*, de façon à obtenir une nappe gazeuse très mince brûlant presque complètement.

La combustion d'un mélange d'acétylène et d'oxygène produit un dégagement de chaleur considérable; il en résulte que les explosions produites par l'acétylène sont beaucoup plus dangereuses encore que celles qui sont produites par le gaz d'éclairage :

$$2C^2H^2 + 5O^2 = 4CO^2 + 2H^2O.$$

L'explosion est la plus forte quand l'acétylène est mélangé à 12 fois son volume d'air; d'où le danger des petites installations d'éclairage à l'acétylène dans des locaux trop exigus.

L'acétylène est absorbé par la solution de *chlorure cuivreux ammoniacal* en donnant un *précipité rouge* caractéristique.

Depuis 1895, l'éclairage à l'acétylène a pris une grande importance; malheureusement, les dangers présentés par l'emploi de l'acétylène sont très nombreux; les appareils employés sont des appareils à carbure de calcium ou des appareils dans lesquels on fait usage d'acétylène dissous dans l'acétone.

PRODUITS DE SUBSTITUTION ET D'ADDITION HALOGÉNÉS

88. ***Principes généraux.*** — Le *chlore*, le *brome* et l'*iode* sont appelés des corps *halogènes* on appelle *produits d'addition et de substitution halogénés* les composés artificiels obtenus en faisant agir les corps simples halogènes sur les carbures d'hydrogène.

Les *carbures forméniques* ne peuvent former que des produits de *substitution* parce qu'ils sont saturés; les *carbures non saturés*, comme l'éthylène et l'acétylène, peuvent donner naissance à des produits d'addition et à des produits de substitution.

1° **Méthane.** — Le méthane, en présence du chlore, sous l'action de la lumière solaire, donne les réactions suivantes :

$$CH^4 + Cl^2 = CH^3Cl + HCl.$$
$$CH^4 + 2Cl^2 = CH^2Cl^2 + 2HCl.$$
$$CH^4 + 3Cl^2 = CHCl^3 + 3HCl.$$
$$CH^4 + 4Cl^2 = CCl^4 + 4HCl.$$

Les deux produits les plus importants sont le *chlorure de méthyle*, CH^3Cl, et le **chloroforme**, $CHCl^3$.

Le brome n'agit pas directement sur le méthane; l'iode, par voie indirecte, donne naissance à l'iodoforme CHI^3.

2° **Éthylène.** — L'éthylène donnera avec le chlore un produit d'addition, le *chlorure d'éthylène*, $C^2H^4Cl^2$; puis, si le chlore est en excès, on obtiendra des produits de substitution, $C^2H^3Cl^3$, $C^2H^2Cl^4$, etc., avec formation d'acide chlorhydrique.

Le brome agirait sur l'éthylène comme le chlore.

89. ***Chloroforme***, $CHCl^3$. — Le *chloroforme* est un liquide incolore, très fluide, d'une odeur suave, d'une saveur sucrée, peu soluble dans l'eau, plus soluble dans l'alcool et dans l'éther; il est très volatil; il dissout le brome, l'iode, le soufre, le phosphore, les corps gras, le caoutchouc, etc. Le chloroforme, chauffé avec une solution alcoolique de potasse, se transforme en chlorure et en formiate de potassium; cette propriété lui a valu son nom :

$$CHCl^3 + 4K(OH) = 3KCl + CHO^2K + 2H^2O.$$

Le *chloroforme* se prépare en chauffant légèrement dans

une grande cornue un mélange de 10 parties de chaux, 20 parties de chlorure de chaux, 80 parties d'eau et 3 parties d'alcool ordinaire : on recueille dans un récipient refroidi un mélange de chloroforme, d'alcool et d'eau; on sépare le chloroforme qui, eu égard à sa densité, occupe le fond du récipient; on le lave, on le rectifie sur du chlorure de calcium et on distille.

Voici la théorie de la préparation : le chlorure de chaux transforme l'alcool en chloral (C^2HCl^3O) et en acide chlorhydrique; la chaux éteinte transforme le chloral en chloroforme et en formiate de calcium; le formiate de calcium, en présence du chlorure de chaux en excès, s'oxyde et se transforme en carbonate de calcium; le carbonate de calcium se transforme en chlorure de calcium; on obtient comme résidu dans la cornue du chlorure de calcium et de la chaux éteinte.

On peut encore préparer du chloroforme pur en décomposant le chloral par la potasse à froid.

Le *chloroforme* est employé en chirurgie comme *anesthésique* général.

90. ***Iodoforme***, **CHI^3**. — On prépare l'iodoforme en faisant agir l'iode sur l'alcool en présence du carbonate de sodium; on obtient un corps solide jaune, cristallisé, insoluble dans l'eau, d'une odeur vive et très désagréable, de poids spécifique égal à 2. L'iodoforme fond à 119° et se vaporise lentement à la température ordinaire.

La potasse décompose l'iodoforme en iodure de potassium et en formiate de potassium.

L'iodoforme est employé comme *antiseptique* et comme anesthésique local.

91. ***Chlorure d'éthylène***, **$C^2H^4Cl^2$**. — Ce corps se prépare en faisant passer un courant d'éthylène dans un ballon contenant de l'acide sulfurique, du sel marin et du bioxyde de manganèse; on chauffe légèrement; il y a dégagement de chlore qui se combine directement à l'éthylène pour donner des vapeurs de chlorure d'éthylène que l'on purifie et qu'on condense ensuite dans un appareil réfrigérant.

Le *chlorure d'éthylène* est un liquide huileux, incolore, bouillant à 82°; il est peu soluble dans l'eau et très soluble dans l'alcool et dans l'éther.

Traité par une solution alcoolique de potasse, le chlorure d'éthylène se transforme en *éthylène monochloré*, **C^2H^3Cl**; ce dernier, traité par la solution alcoolique de potasse, donne les produits de substitution de l'éthylène, **$C^2H^2Cl^2$**, **C^2HCl^3** et **C^2Cl^4**.

Au contraire, le chlorure d'éthylène, soumis directement à l'action du chlore, donne des produits de substitution dérivés du chlorure d'éthylène, c'est-à-dire **$C^2H^3Cl^3$**, **$C^2H^2Cl^4$**, **C^2HCl^5** et **C^2Cl^6**.

GAZ D'ÉCLAIRAGE

92. *Distillation de la houille.* — On appelle **gaz d'éclairage** un mélange de carbures d'hydrogène gazeux que l'on extrait de la houille par distillation en vase clos. L'éclairage au gaz a été proposé, pour la première fois, en 1785, par un ingénieur français, **Philippe Lebon**, qui obtenait le gaz d'éclairage en distillant la houille. En effet, la houille grasse soumise à la distillation donne, par 100 kilogrammes :

25 mètres cubes de gaz,
4 kilog. de goudron,
2 hectolitres de coke.

On pourrait aussi distiller certains schistes bitumineux, tels que le *boghead*, qui sert à la préparation du *gaz portatif*.

L'industrie de l'éclairage au gaz a subi une série de transformations; aujourd'hui, on arrive à obtenir le gaz d'éclairage à très bon compte; on recueille tous les produits secondaires de la distillation de la houille et on les utilise.

La distillation de la houille s'effectue dans des cornues en terre réfractaire, ayant la forme de demi-cylindres elliptiques, chauffés dans un même foyer en maçonnerie. Elles sont ouvertes à leur partie antérieure et peuvent être fermées par une plaque de fonte lutée et maintenue par une vis de pression. Par cette ouverture, on introduit la houille et on retire le coke après la distillation. A la garniture antérieure de chaque cornue est adapté un tube de fonte pour conduire dans les *épurateurs* les produits gazeux dégagés.

Les produits volatils de la distillation de la houille sont :

méthane, anhydride carbonique, hydrogène, oxyde de carbone, éthylène, acétylène, vapeurs de sulfure de carbone et de benzine, hydrogène sulfuré, vapeurs de goudron, ammoniaque, sels ammoniacaux volatils, etc., etc.

Il faut donc absorber tous les produits inutiles et ne garder que le *méthane*, l'*hydrogène*, l'*éthylène* et des traces d'autres gaz, tels que l'azote et l'oxyde de carbone, dont on ne peut se débarrasser : le gaz subit d'abord une *épuration physique*, puis une *épuration chimique*.

93. *Épuration physique.* — Au sortir de la cornue, le gaz se rend dans un flacon-laveur B, appelé *barillet* (*fig.* 18), dans lequel se condensent l'eau et une partie du goudron; puis le gaz passe dans le *jeu d'orgue* C, où, par refroidissement au contact de l'air, le gaz se débarrasse du goudron, de la vapeur d'eau et des sels ammoniacaux, qui se rassemblent dans la caisse du jeu d'orgue et tombent dans la fosse au goudron. Le gaz traverse aussi une colonne D, remplie de coke et de grès concassés, où s'achève l'épuration physique.

94. *Épuration chimique.* — Le gaz, après cette première opération, se rend dans l'épurateur chimique E, contenant des claies superposées recouvertes d'un mélange de *chaux éteinte*, de *sulfate de calcium*, de *sciure de bois* et d'*hydrate ferrique* : la chaux absorbe l'anhydride carbonique; le sulfate de calcium retient le carbonate d'ammonium et l'hydrate ferrique absorbe l'acide sulfurique :

$$Fe^2(OH)^6 + 3H^2S = 2FeS + 3H^2O + S.$$

Au sortir de l'épurateur chimique, le gaz se rend dans le gazomètre F; il est ensuite distribué dans les tuyaux de conduite.

95. *Composition du gaz d'éclairage* — Le gaz d'éclairage renferme :

Méthane.....	50 p. 100 en volumes.
Hydrogène.....................	30 à 35 p. 100.
Oxyde de carbone..............	7 à 8 —
Carbures d'hydrogène divers....	5 à 6 —
Azote	2 à 3 —
Éthylène........................	traces.

Il brûle avec une flamme très éclairante, grâce au carbone

libre et fixe incorporé dans la flamme et porté à l'incandescence. Il a une odeur désagréable, due à un peu d'*hydrogène sulfuré* et de *vapeur de sulfure de carbone* dont on ne peut entièrement le débarrasser : grâce à cette odeur, on

Fig. 18. — Usine à gaz. — A, A, Cornues; B, Barillet; C, Jeu d'orgue.

est averti des fuites de gaz, et on peut éviter les *explosions* qui se produisent quand on pénètre avec une lumière dans un appartement où se trouve un mélange de gaz d'éclairage et d'air atmosphérique. Le pouvoir éclairant du gaz d'éclairage doit être tel que 105 litres de gaz brûlant pendant une heure dans un bec d'Argant ordinaire produisent une flamme équivalente à celle d'une lampe Carcel brûlant 42 grammes d'huile en une heure.

Dans ces conditions, la consommation du gaz revient à

3 centimes par bec et par heure, tandis que l'éclairage à l'huile reviendrait à 14 centimes et l'éclairage par les bougies à 10 centimes.

Le gaz d'éclairage est assez vénéneux, parce qu'il contient toujours de l'oxyde de carbone et de l'acide sulfhydrique; en outre, il est malheureusement souvent la cause d'explosions très dangereuses, puisqu'il forme avec l'oxygène de l'air un mélange très détonant.

96. *Produits secondaires.* — Les eaux d'épuration sont très riches en ammoniaque et en sels ammoniacaux; on les utilise dans l'industrie pour en extraire l'ammoniaque et la transformer en sulfate d'ammonium. Les goudrons de houille renferment : de la *benzine*, de l'*acide phénique*, du *toluène*, de l'*anthracène*, de la *naphtaline*, etc. Tous ces

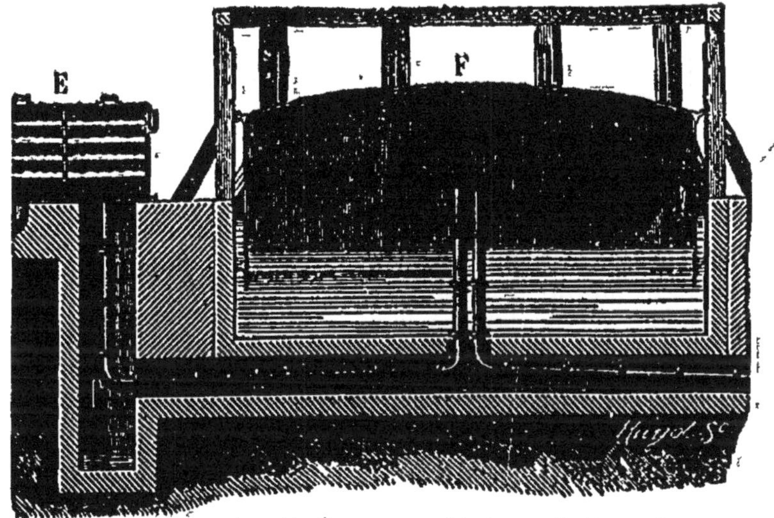

D, Colonne de coke; E, Épurateur chimique; F, Gazomètre.

produits secondaires de la distillation de la houille ont trouvé leur emploi dans l'industrie.

97. *Usages du gaz d'éclairage.* — Le gaz d'éclairage est aujourd'hui employé pour l'éclairage et pour le chauffage.

Le gaz d'éclairage est brûlé dans des appareils très simples, connus sous le nom de *becs*.

Le gaz d'éclairage est vendu d'après le volume de gaz brûlé; un compteur spécial indique à chaque instant le nombre de mètres cubes de gaz employés.

Le gaz d'éclairage, en brûlant, dégage une grande quantité de chaleur; on utilise cette chaleur pour le chauffage à l'aide de poêles à gaz pouvant chauffer les appartements, ou à l'aide de fourneaux de cuisine servant à la cuisson des aliments.

Depuis quelques années, on se sert beaucoup d'appareils dits *moteurs à gaz*, dans lesquels la force motrice est due à l'inflammation d'un mélange détonant de gaz d'éclairage et d'air en proportions convenables.

Le gaz d'éclairage sert encore à gonfler les aérostats.

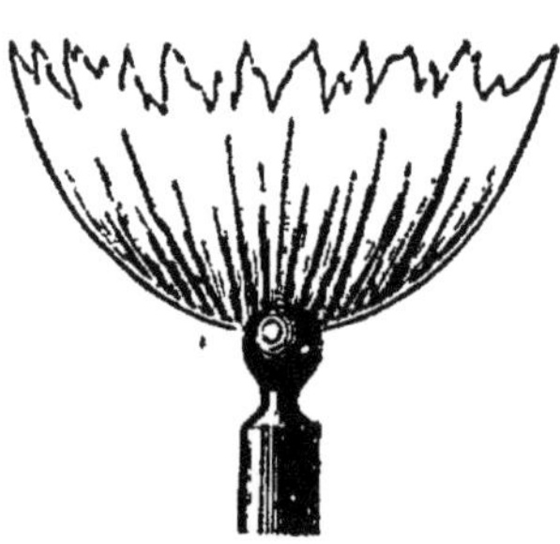

Fig. 19. — Flamme d'un bec papillon.

98. ***Becs de gaz.*** — Le gaz d'éclairage est brûlé dans des appareils très simples, connus sous le nom de *becs*.

Le bec le plus simple est le bec *papillon* (*fig.* 19), muni d'une fente qui donne issue aux gaz. La flamme s'étale régulièrement en éventail.

Le bec **Auer** donne une flamme cylindrique dans laquelle est placé un *manchon* très léger d'amiante qui est porté à l'incandescence et donne à la flamme un grand éclat.

99. ***Précautions à prendre dans l'emploi du gaz d'éclairage.*** — Il faut, avant tout, vérifier avec soin si les robinets des appareils à gaz sont fermés, quand on ne se sert pas des becs d'éclairage ou des fourneaux de chauffage : on évite ainsi les *fuites* de gaz. Si, par malheur, une fuite de gaz s'est produite, on le reconnaît à l'odeur désagréable qui remplit la salle où s'est produite la fuite. Il faut alors bien se garder de rechercher soi-même avec une bougie allumée quel est le tuyau de conduite crevé; on ouvrira les portes et les fenêtres et on fermera le robinet de communication entre les appareils et le compteur. On évitera ainsi la production possible d'une explosion, toujours très dangereuse; le mélange de gaz d'éclairage et d'air fait explosion au contact d'un corps enflammé.

100. ***Distillation du goudron de houille.*** — On distille, à feu nu, le goudron de houille dans de vastes chaudières ou dans des cylindres en fonte communiquant avec un appareil réfrigérant. Il passe à la distillation, entre 30° et 150°, des *huiles légères*, dont la densité varie entre 0,75 et 0,85 ; on les recueille et on en extrait la **benzine**. Les *huiles lourdes* de houille, distillant entre 150° et 300°, ayant pour densité 0,9, contiennent le **phénol**, **l'aniline**, la **naphtaline** et **l'anthracène**. Le résidu de la distallation est le **brai**, qui sert à la fabrication des **briquettes**, en le mélangeant avec du poussier de charbon.

BENZINE

C^6H^6

101. *Benzine.* — La *benzine* s'extrait du goudron de houille ; on recueille les huiles légères de goudron entre 60° et 150° et on en extrait la benzine. Les huiles légères sont traitées par l'acide sulfurique et par la soude et elles sont soumises à une série de distillations fractionnées pour séparer la benzine qui bout vers 80°. Le liquide isolé après plusieurs rectifications successives est refroidi à 0° ; on obtient des cristaux ; ces cristaux sont comprimés pour se débarrasser des liquides étrangers ; on répète plusieurs fois cette opération et on obtient finalement la *benzine pure*.

La *benzine*, ou *benzène*, est un liquide incolore, d'une saveur douce, cristallisant à 0° et bouillant à 81°. Elle a pour densité 0,85. Elle est à peine soluble dans l'eau, facilement soluble dans l'alcool et l'éther. Elle dissout le soufre, le phosphore, le brome, l'iode, le caoutchouc, la cire, le camphre, les corps gras, les huiles essentielles, etc.

La benzine est très inflammable et brûle avec une flamme brillante, mais fuligineuse :

$$2C^6H^6 + 15O^2 = 12CO^2 + 6H^2O.$$

Elle s'oxyde en présence du chlorure d'aluminium et se transforme en *phénol* ou *acide phénique* $C^6H^5(OH)$.

$$2C^6H^6 + O^2 = 2C^6H^5(OH).$$

La benzine se combine au chlore sous l'action de la lumière solaire pour former l'*hexachlorure de benzine* :

$$C^6H^6 + 3Cl^2 = C^6H^6Cl^6.$$

L'acide azotique transforme la benzine en *nitrobenzine*, par substitution du radical AzO^2 à l'hydrogène :

$$C^6H^6 + AzO^3H = C^6H^5(AzO^2) + H^2O.$$

La benzine est employée pour dissoudre les matières grasses ; mais elle sert surtout à préparer la nitrobenzine, matière première servant à obtenir l'*aniline*.

102. *Synthèse de la benzine.* — Quand on chauffe dans une cloche courbe, pendant une demi-heure, un certain volume d'acétylène (*fig.* 20), le gaz se change peu à peu en vapeur de benzine dont le volume est le tiers du volume de l'acétylène.

Fig. 20. — Condensation de l'acétylène par la chaleur. — Formation de la benzine par l'action continue de la chaleur sur l'acétylène.

$$3C^2H^2 = C^6H^6.$$

On dit alors que la benzine est un *polymère* de l'acétylène.

103. *Nitrobenzine,* $C^6H^5(AzO^2)$. — La nitrobenzine s'obtient en faisant réagir par petites portions la benzine pure sur l'acide azotique fumant. On peut, pour une leçon, préparer facilement la nitrobenzine de la manière suivante : on place, dans un ballon de 250 gr. environ, quelques centimètres cubes d'acide azotique fumant ; puis à l'aide d'une pipette, on y fait tomber goutte à goutte un volume égal de benzine pure ; la réaction est très vive : la masse s'échauffe ; il se dégage des torrents de vapeurs nitreuses ; en fin de compte, il reste dans le ballon un liquide rougeâtre que l'on verse dans un grand verre plein d'eau : la nitrobenzine se débarrasse de l'excès d'acide azotique et se rassemble au fond du verre.

La *nitrobenzine* est un liquide jaunâtre, d'une odeur rappelant celle des amandes amères, ayant pour densité 1,2, se solidifiant à + 3° et bouillant à 219°.

Distillée avec un mélange de rognures de fer et d'acide acétique, elle se transforme en *aniline*, par suite de la réduction de la nitrobenzine par l'hydrogène naissant :

$$C^6H^5(AzO^2) + 3H^2 = C^6H^5(AzH^2) + 2H^2O.$$

La nitrobenzine est employée en parfumerie, sous le nom d'*essence de mirbane*, pour parfumer les savons. Mais elle sert surtout à fabriquer l'aniline.

104. *Carbures benzéniques.* — Les *carbures benzéniques* forment une série homologue, appelée *série aromatique*, dont les principaux termes, correspondant à la formule C^nH^{2n-6}, sont :

Benzène..........	C^6H^6
Toluène	C^7H^8
Xylène......	C^8H^{10}.

Le *benzol* du commerce est un mélange de benzène et de toluène.

NAPHTALINE

$C^{10}H^8$

105. *Naphtaline.* — Les huiles lourdes de goudron laissent déposer, par refroidissement, un corps solide qui est un mélange de naphtaline et d'anthracène; ce dépôt est comprimé entre des plaques métalliques chauffées; la naphtaline, qui fond à 79°, s'écoule seule et le liquide écoulé se solidifie à la température ordinaire pour former la naphtaline brute; on sublime ensuite cette naphtaline brute en la chauffant dans un vase en terre recouvert d'une feuille de papier à filtrer et surmonté d'un cône en carton, dans lequel vient cristalliser la vapeur de naphtaline (*fig.* 21).

La *naphtaline* se présente sous la forme d'écailles nacrées formées par des tables rhomboïdales; elle a une forte odeur aromatique, une saveur âcre. Sa densité est de 1,145; elle fond à 79° et bout à 216°.

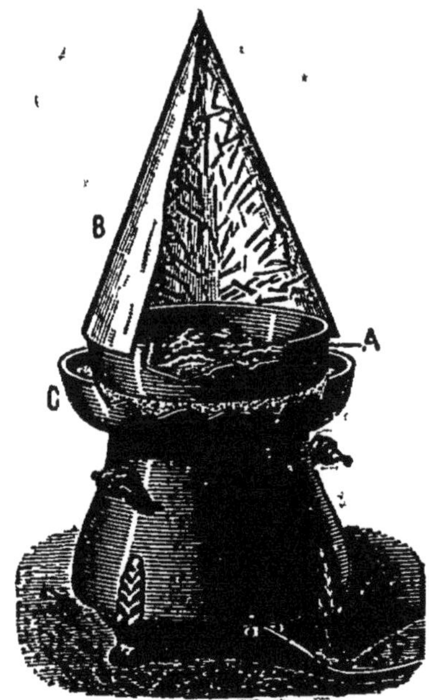

FIG. 21. Cristallisation de la naphtaline. — Pour l'obtenir, on fait chauffer la naphtaline dans un vase en terre recouvert d'un cône; les vapeurs de naphtaline se condensent dans le cône et y forment de beaux cristaux.

La naphtaline est insoluble dans l'eau; elle brûle avec une flamme fuligineuse.

Les propriétés chimiques de la naphtaline sont analogues à celles de la benzine; elle est employée aujourd'hui pour conserver pendant l'été, les vêtements et les étoffes de laine.

On l'emploie pour préparer l'acide bromhydrique : on fait tomber du brome goutte à goutte sur de la naphtaline; le gaz acide bromhydrique se dégage et on obtient comme résidu un produit de substitution de la naphtaline :

$$C^{10}H^{8} + Br^{2} = HBr + C^{10}H^{7}Br.$$

CARBURES D'HYDROGÈNE DIVERS

106. ***Essence de térébenthine,*** **$C^{10}H^{16}$.** — Les *essences de térébenthine* sont des carbures d'hydrogène que l'on prépare par la distillation des *térébenthines*. Les térébenthines sont des résines qui s'écoulent par les incisions faites aux végétaux de la famille des conifères, tels que les pins, les sapins, les mélèzes, etc. : ce sont des mélanges d'essence de térébenthine et d'une résine appelée la *colophane*.

Les arbres qui produisent les térébenthines se divisent en deux catégories : les arbres *européens*, tels que le *pin sylvestre*, ou pin d'Écosse, et le *pin maritime*, très abondant dans les Landes; les arbres *américains*, tels que le *pin des marais*, originaire d'Australie, et le *Pinus Tæda*, ou *Loblolly Pine des Américains.*

Les arbres européens produisent le *térébenthène;* les arbres américains produisent l'*australène.*

L'essence de térébenthine, quelle que soit son origine, s'extrait des térébenthines, par distillation à 160° : le produit distillé est ensuite mélangé à de l'eau, puis distillé une seconde fois, puis rectifié sur du chlorure de calcium. Si l'on veut avoir l'essence pure, on la neutralise par du carbonate de sodium et on la distille au bain-marie dans le vide.

L'*essence de térébenthine* est un liquide incolore, mobile, très réfringent, d'une odeur caractéristique, ayant pour densité 0,864 à 16° et bouillant à 156°,5; sa densité de vapeur est égale à 4,211.

Le térébenthène diffère de l'australène en ce que le premier dévie à gauche le plan de polarisation de la lumière, tandis que le second le dévie à droite. Toutes les autres propriétés sont identiques.

L'essence de térébenthine est insoluble dans l'eau, très soluble dans l'éther et dans l'alcool.

Elle brûle à l'air, en présence d'un corps enflammé, avec une flamme fuligineuse.

A la température ordinaire, elle absorbe l'oxygène de l'air et se résinifie.

L'essence de térébenthine dissout le soufre, le phosphore, les matières grasses, les résines et le caoutchouc.

Elle est employée pour préparer les vernis dits vernis à l'essence; mélangée avec de l'alcool, elle constitue le *gaz liquide*, employé pour l'éclairage. Un mélange à parties égales d'essence de térébenthine et d'essence de citron est employé pour enlever les taches de graisse. La vapeur d'essence de térébenthine peut produire sur l'économie des effets morbides; le malaise éprouvé en couchant dans des appartements fraîchement peints doit lui être principalement attribué.

107. ***Essences végétales.*** — On en connaît un très grand nombre. Ce sont des *isomères* ou des *polymères* de l'essence de térébenthine différant par leur point d'ébullition, par leur odeur et leur saveur.

En voici le tableau :

		Point d'ébullition.	Densité.
Essence de térébenthine....	$C^{10}H^{16}$	157°	0,85
— de girofle..........	»	143°	0,92
— de sabine.........	»	155°	0,91
— de thym...........	»	165°	0,87
— de citron..........	C^5H^8	173°	0,84
— d'orange..	»	180°	0,83
— d'élémi............	»	174°	0,85
— de genièvre........	$C^{15}H^{24}$	160°	0,84

On les prépare en concassant les différentes parties du végétal et en les soumettant à la distillation avec de l'eau dans un alambic.

Ces essences ont une odeur vive et pénétrante, une saveur brûlante; elles sont peu solubles dans l'eau, mais très solubles dans l'éther; elles sont employées dans la parfumerie.

108. ***Caoutchouc.*** — Le *caoutchouc* est un suc laiteux qui s'écoule par les incisions faites à certains arbres, tels que le *siphonia cautchu* du Brésil ou le *ficus elastica* des Indes. Ce suc est desséché à la flamme d'un feu de bois vert et se transforme en plaques épaisses blanches, insolubles dans l'eau, mais solubles dans le sulfure de carbone.

Le caoutchouc est un corps solide blanc, ayant pour densité 0,93. Entre 10° et 35°, il est souple et élastique : il devient dur et perd son élasticité à 0°. A 100°, il devient visqueux et il fond à 180°. L'action prolongée de la lumière le colore en brun. Il peut se souder à lui-même par pression : il résiste à l'action des acides et des alcalis, à la température ordinaire.

Le caoutchouc peut se combiner au soufre, qui lui donne de la dureté : on obtient alors le *caoutchouc vulcanisé*, que l'on prépare en plongeant le caoutchouc dans un bain de soufre fondu à 120°.

Le *soufre* combiné au caoutchouc dans la proportion de 25 à 30 p. 100, rend le caoutchouc dur comme de l'ivoire. La combinaison ainsi obtenue s'appelle l'**ébonite.**

L'*ébonite* s'électrise négativement par le frottement;

elle est employée comme **isolateur** dans les appareils électriques.

Le caoutchouc sert à confectionner des vêtements, des courroies, des souliers, des tubes pour les laboratoires, pour les conduites de gaz, etc.

109. *Gutta-percha.* — La *gutta-percha* est le suc laiteux qui s'écoule des arbres du genre *inosondra.* Ce suc, en s'évaporant, devient visqueux et filant : on en fait des pains de gutta.

La *gutta-percha* a pour densité 0,98; elle est insoluble dans l'eau, mais soluble dans le sulfure de carbone. Elle est dure et non élastique à la température ordinaire et se ramollit vers 60°; elle s'oxyde lentement à l'air sous l'influence de la lumière et devient cassante.

La *gutta-percha* ramollie se moule avec facilité; elle peut se souder à elle-même. On l'utilise pour faire des cuvettes, des entonnoirs, des flacons, pour préparer les moules destinés à la galvanoplastie. Elle est mauvaise conductrice de l'électricité : on l'emploie pour isoler les fils électriques.

CHAPITRE III

ALCOOLS

110. *Fonction alcool.* — On appelle **alcools** des principes immédiats, composés de carbone, d'hydrogène et d'oxygène, capables de réagir directement sur les acides pour former des composés particuliers, appelés *éthers-sels*, avec élimination d'*eau*.

Prenons, par exemple, l'*alcool ordinaire de vin*, C^2H^6O; en réagissant directement sur l'acide chlorhydrique, il formera l'**éther chlorhydrique**, C^2H^5Cl :

$$C^2H^6O + HCl = C^2H^5Cl + H^2O.$$

Avec un acide comme l'*acide acétique*, $C^2H^3O^2H$, on obtiendrait l'**éther acétique**, $C^2H^3O^2(C^2H^5)$:

$$C^2H^6O + C^2H^3O^2H = C^2H^3O^2(C^2H^5) + H^2O.$$

Un alcool peut réagir sur tous les acides et produire une série d'éthers correspondants; il y a donc analogie entre les alcools et les hydrates métalliques, entre les éthers et les sels ordinaires.

En outre, par *déshydrogénation* les alcools fournissent des *aldéhydes* et par *oxydation* des *acides*. L'alcool ordinaire forme l'aldéhyde C^2H^4O, et l'acide acétique $C^2H^3O^2H$:

$$2C^2H^6O + O^2 = 2C^2H^4O + H^2O.$$

$$C^2H^6O + O^2 = C^2H^3O^2H + H^2O.$$

Enfin, chaque alcool peut fournir, en réagissant sur l'ammoniaque, des alcalis artificiels ou **amines**, tels que l'*éthylamine*, $C^2H^5AzH^2$, correspondant à l'alcool ordinaire :

$$C^2H^6O + AzH^3 = C^2H^5AzH^2 + H^2O.$$

111. ***Constitution des alcools.*** — Les alcools sont comparables aux *hydrates métalliques*, de formule $M(OH)^n$. Ainsi l'*alcool ordinaire de vin*, ou **alcool éthylique**, C^2H^6O, est considéré comme ayant pour formule $C^2H^5(OH)$: alors C^2H^5 est le radical correspondant à l'alcool *éthylique* et s'appelle l'**éthyle**.

Le *radical* (C^2H^5) joue le même rôle que le potassium **K**; la potasse $K(OH)$ a pour correspondant l'alcool $C^2H^5(OH)$; le radical C^2H^5 est monovalent comme **K**.

Le **glycol**, $C^2H^4(OH)^2$, est analogue à la *chaux éteinte* $Ca(OH)^2$; la **glycérine** $C^3H^5(OH)^3$, est analogue à l'*hydrate de bismuth* $Bi(OH)^3$; le radical C^3H^5 est trivalent comme le métal **Bi**.

Les alcools se classent d'après le nombre des *éthers-sels* qu'ils peuvent former avec un acide monobasique comme l'acide chlorhydrique **HCl**; l'alcool ordinaire est un *acide monoatomique*, parce qu'il ne forme qu'un seul éther chlorhydrique qui est le chlorure d'éthyle C^2H^5Cl; la glycérine est un éther triatomique, parce qu'il y a *trois chlorhydrines*, $C^3H^5Cl^3$, $C^3H^5(OH)Cl^2$, $C^3H^5(OH)^2Cl$, qui sont les éthers chlorhydriques de la glycérine, etc.

112. ***Phénols.*** — Les *phénols* sont des corps semblables aux alcools, mais qui ne forment *ni aldéhyde ni acide* correspondants; ils sont à la fois *alcools* et *acides;* le plus important est le **phénol** ou *acide phénique*, $C^6H^5(OH)$.

113. ***Alcools monoatomiques.*** — Les principaux alcools monoatomiques sont les alcools de la **série grasse**, de formule $C^nH^{2n+1}(OH)$. Ce sont :

Alcool méthylique..................	$CH^3(OH)$
— *éthylique*..................	$C^2H^5(OH)$
— *propylique*..................	$C^3H^7(OH)$
— *butylique*..................	$C^4H^9(OH)$
— *amylique*..................	$C^5H^{11}(OH)$.

Le point d'ébullition des alcools de cette série s'élève de 19° en passant d'un alcool au suivant; leur densité augmente progressivement, ainsi que leur densité de vapeur.

Par oxydation, ces alcools donnent naissance à des acides monobasiques, tels que l'acide formique, l'acide acétique, etc.

Ces alcools peuvent être considérés comme dérivés des carbures saturés en remplaçant un atome d'hydrogène par **(OH)** :

CH^4..................................	$CH^3(OH)$
C^2H^6..................................	$C^2H^5(OH)$
C^3H^8..................................	$C^3H^7(OH)$, etc.

ALCOOL MÉTHYLIQUE

$CH^3(OH)$.

114. ***Préparation.*** — La distillation du bois en vase clos donne naissance à un certain nombre de produits volatifs tels que l'eau, l'acide acétique, des goudrons et un principe volatil particulier appelé vulgairement *esprit de bois* et dont le nom scientifique est **alcool méthylique.** La distillation du bois s'effectue dans une cornue en fonte C (*fig.* 22) communiquant avec une série d'appareils réfrigérants M dans lesquels se condense de l'eau chargée de *goudron*, d'*esprit de bois*, d'*éthers divers*, etc.; il reste du charbon de bois dans la cornue.

On décante le liquide pour le séparer du goudron, on le sature avec un lait de chaux et on le distille à la température de 80°; l'esprit de bois passe à la distilla-

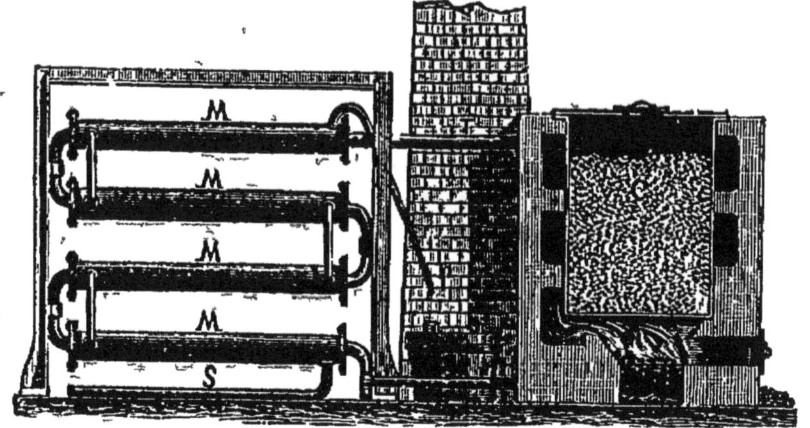

Fig. 22. — **Distillation du bois.** — Le bois est chauffé dans un vase clos C; les produits de la distillation se condensent dans les réfrigérants M.

tion et est rectifié par plusieurs distillations successives.

115. ***Propriétés.*** — L'alcool méthylique pur est un liquide incolore, d'une odeur spiritueuse, de densité 0,814, bouillant à 66°, miscible à l'eau en toutes proportions.

Il brûle avec une flamme pâle et presque invisible. Par oxydation lente, il se transforme en *acide formique* **CHO^2H**.

Il forme des *éthers-sels* analogues à ceux de l'alcool éthylique; l'un des plus importants est **C^2H^1Cl** ou **chlorure de méthyle.**

Le radical de l'alcool méthylique est le *méthyle*, **CH^3**.

116. ***Usages.*** — L'alcool méthylique est employé comme combustible dans les lampes à alcool; sa combustion fournit une grande quantité de chaleur. Le prix peu élevé de l'alcool méthylique le fait préférer à l'alcool de vin, malgré l'odeur désagréable qu'il répand. L'alcool méthylique sert encore à la fabrication des vernis.

ALCOOL ÉTHYLIQUE

$C^2H^5(OH)$.

117. ***Préparation de l'alcool éthylique.*** — L'*alcool éthylique*, ou *hydrate d'éthyle*, ou *esprit de vin*, ou *alcool de vin*, était connu au douzième siècle.

M. **Berthelot** a fait la synthèse de l'alcool en partant de l'eau et de l'éthylène :

$$C^2H^4 + H^2O = C^2H^5.(OH).$$

Inversement, sous l'action de la chaleur et de l'acide sulfurique, l'alcool se dédouble en eau et en éthylène.

L'alcool s'obtient, dans l'industrie, en soumettant la *glucose*, ou *sucre de raisin*, à l'action de la levûre de bière ou d'organismes analogues, appelés *ferments* [1] : la glucose *fermente* et se dédouble en gaz carbonique et en alcool. On peut aussi obtenir l'alcool par la distillation des boissons fermentées, vin, bière, cidre, poiré, etc.; ces boissons renferment des proportions variables d'*alcool*, d'*eau* et de principes divers auxquels elles doivent leur saveur et leur odeur caractéristiques.

Pour obtenir l'alcool pur, il faut le séparer de l'eau et des autres principes contenus dans les boissons fermentées; il suffit, pour cela, d'opérer par distillation : l'alcool bout à 78° et l'eau à 100°; l'acool passera le premier à la distillation ; mais, comme l'eau possède, à 78°, une tension de vapeur assez considérable, il distille un mélange d'alcool et d'eau que l'on devra *rectifier* à l'aide de plusieurs distillations successives : on obtiendra ainsi un liquide alcoolique dont le titre en alcool pourra s'élever jusqu'à 92 ou 94 centièmes.

L'*alcool absolu* se préparera en mettant l'alcool concentré du commerce en digestion avec de la baryte ou de la chaux jusqu'à ce que la liqueur ait pris une teinte jaunâtre caractéristique ; on distillera avec précaution au bain-marie et on obtiendra comme produit distillé l'*alcool* tout à fait *anhydre*.

118. ***Propriétés.*** — L'alcool est un liquide incolore, très mobile, d'une odeur agréable, d'une saveur brûlante, ayant pour densité 0,8095 à 0° et 0,7947 à 15°; il est donc très dilatable et peut être employé comme corps thermométrique. Il se solidifie à — 110°; il bout à 78°,4. Sa densité de vapeur est égale à 1,589.

L'alcool est miscible à l'eau en toutes proportions; le

1. Voir plus loin l'art. FERMENTATION.

mélange s'effectue avec contraction de volume; la contraction est maxima quand le mélange correspond à la formule $C^2H^5(OH) + 3H^2O$.

L'alcool dissout les résines et les corps gras, l'iode et un grand nombre de gaz : la potasse, la soude et la baryte y sont solubles, ainsi que le sel marin et certains azotates. Il coagule le sang : injecté dans les veines, il amène la mort.

L'alcool brûle avec une flamme pâle, en se transformant en eau et en anhydrique carbonique; la combustion dégage beaucoup de chaleur :

$$C^2H^5(OH) + 3O^2 = 2CO^2 + 3H^2O + 324{,}5 \textit{ calories.}$$

De là l'emploi des lampes à alcool comme source de chaleur. Les corps très oxydants déterminent l'inflammation de l'alcool.

L'alcool s'oxyde lorsqu'on le soumet à l'action de l'air sous l'influence du noir de platine : il se produit alors de l'aldéhyde, C^2H^4O, et de l'acide acétique, $C^2H^3O^2H$.

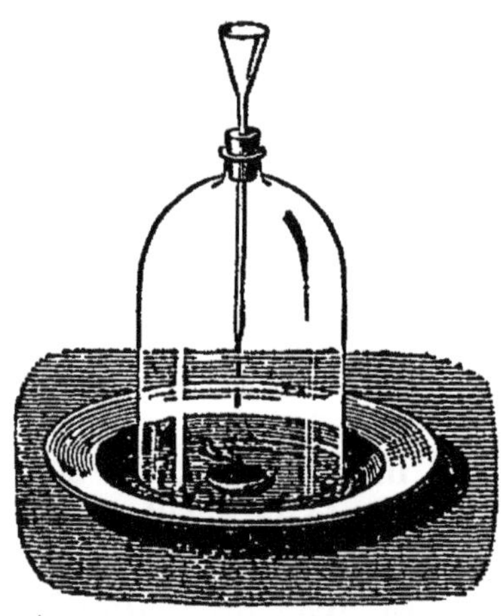

Fig. 23. — **Oxydation lente de l'alcool.** — L'alcool tombe goutte à goutte sur du noir de platine et se transforme peu à peu en acide acétique aux dépens de l'oxygène de l'air.

L'alcool perd d'abord de l'hydrogène et se transforme en *aldéhyde :*

$$C^2H^5(OH) + O = C^2H^4O + H^2O.$$

Si l'oxydation se prolonge ou si elle est plus énergique, l'aldéhyde fixe de l'oxygène et devient l'acide acétique. L'opération se fait facilement en laissant tomber de l'alcool goutte à goutte sur du noir de platine placé sur une assiette qui est recouverte d'une grande cloche tubulée (*fig.* 23) : l'alcool s'oxyde peu à peu; il se condense sur les parois de la cloche des vapeurs acides qui sont un mélange d'aldéhyde et d'acide acétique.

Sous l'action du ferment acétique, l'alcool se transforme en acide acétique.

Le *chlore* attaque l'alcool avec énergie : il se forme de l'aldéhyde et des produits chlorés; le principal de ces produits est le *chloral*, C^2HCl^3O, dont l'*hydrate* est employé en médecine comme calmant.

Les *acides* réagissent sur l'alcool pour former les *éthers-sels* correspondants; le radical de l'alcool éthylique est **l'éthyle**, qui est *monovalent* et a pour formule C^2H^5.

$$C^2H^5(OH) + HCl = C^2H^5Cl + H^2O.$$

Les éthers-sels de l'alcool éthylique sont donc des sels d'éthyle.

L'*acide sulfurique* agit sur l'alcool d'une façon particulière; à froid il y a formation de *sulfate acide d'éthyle* ou acide *éthylsulfurique*, $SO^4H(C^2H^5)$, analogue au sulfate acide de potassium, SO^4HK. Entre 120° et 150°, s'il y a excès d'alcool, on obtient l'*éther ordinaire* ou *oxyde d'éthyle*, $(C^2H^5)^2O$, analogue à K^2O; enfin, au delà de 160°, il y a déshydratation complète de l'alcool et formation d'*éthylène*.

119. ***Usages de l'alcool.*** — L'*alcool* est constamment employé dans les laboratoires comme dissolvant : on l'utilise comme combustible dans la lampe à alcool : la parfumerie l'emploie pour dissoudre les essences.

L'alcool pur, ou *alcool bon goût*, sert au *vinage* des vins, à la préparation des diverses liqueurs et des conserves de fruits.

Enfin, depuis quelques années, on a construit des appareils d'éclairage à l'alcool et des moteurs à alcool.

FERMENTATIONS

120. ***Ferments.*** — On appelle *ferments* des êtres qui, placés dans des conditions convenables, vivent et se développent aux dépens de certaines matières organiques dont ils produisent la décomposition en un certain nombre de principes immédiats toujours les mêmes : cette décompotion a reçu le nom de *fermentation*.

Les *ferments* appartiennent au règne végétal et au règne animal.

Les **ferments végétaux** sont les *moisissures* qui apparaissent à la surface des fruits acides, du pain moisi, des confitures, les *levûres* qui vivent au sein des liquides et les *mycodermes* qui se développent à la surface des liquides.

Les **ferments animaux** sont les *bactéries*, les *baciles* et *vibrions*, connus sous la dénomination générale de *microbes*. Les ferments animaux constituent les germes de la fermentation putride et d'un grand nombre de maladies infectieuses.

Tous ces êtres sont caractérisés par une puissance de reproduction considérable : ainsi, des traces invisibles de mycoderme du vinaigre semées à la surface d'un liquide alcoolique suffisent pour peupler le liquide en quelques heures.

Tous ces ferments existent en germes dans l'air atmosphérique et donnent naissance à la fermentation correspondante lorsqu'ils trouvent un milieu propre à leur développement : les belles expériences de **Pasteur** ne laissent aucun doute à ce sujet.

Les germes de fermentation périssent lorsqu'on porte les liquides qui les renferment ou l'air dans lequel ils sont en suspension à une température comprise entre 40° et 100°. **Pasteur** a fait à ce sujet de remarquables travaux qui ont enrichi la science et l'industrie de procédés nouveaux de conservation des liquides.

121. ***Fermentation alcoolique.*** — Le *ferment* est la *levûre de bière;* la substance *fermentescible* est le *sucre de raisins* ou *glucose*.

La théorie de la fermentation alcoolique a été donnée pour la première fois, en 1815, par **Gay-Lussac** qui montra que, sous l'influence de la levûre de bière, la **glucose** se dédouble en **alcool** et en **anhydride carbonique** :

$$C^6H^{12}O^6 = 2\left[C^2H^5(OH)\right] + 2CO^2.$$

En 1857, **Pasteur** montra qu'outre l'alcool et l'anhydride carbonique, le sucre fournit encore de la *glycérine* et de l'*acide succinique*, ainsi que de la cellulose et des matières grasses, qui se fixent sur la levûre de bière pendant la fermentation. **Pasteur** a montré que 100 grammes de sucre donnent 51 grammes d'alcool, 49^{gr},11 d'anhydride carbonique, 3gr,4 de glycérine, 0gr,6 d'acide succinique et 1gr,3 de cellulose et de matière grasse.

Pour produire la fermentation alcoolique, on introduit dans un flacon muni d'un tube à dégagement (*fig.* 24) une

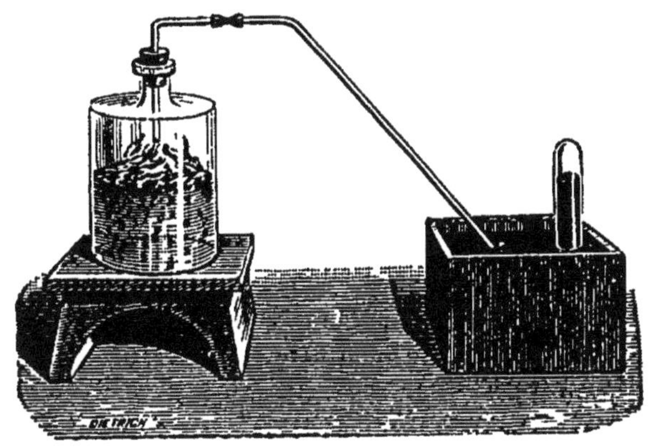

Fig. 24. — Fermentation d'un liquide sucré.

dissolution de glucose dans l'eau (10 p. 100) et on y ajoute quelques grammes de levûre de bière humide; on maintient la température du flacon à 25° environ, et on voit la masse se boursoufler, pendant qu'il se dégage de l'anhydride carbonique que l'on recueille sous une éprouvette; la liqueur qui reste dans l'appareil contient de l'alcool que l'on peut en retirer par distillation.

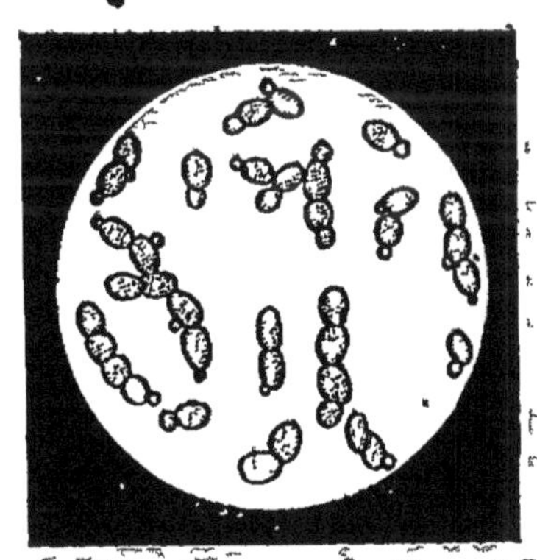

Fig. 25. — Levûre de bière. — Végétal microscopique formé de cellules fixées les unes au bout des autres et se reproduisant par bourgeonnement.

La *levûre de bière* est un végétal microscopique formé de globules fixés les uns sur les autres et se reproduisant par bourgeonnement (*fig.* 25) : ces globules sont formés par de la cellulose, des matières albuminoïdes et des sels minéraux, tels que des phosphates : la levûre de bière emprunte au liquide sucré les éléments de la cellulose et de la matière grasse des globules qui naissent pendant la fermentation; le reste du sucre se transforme en alcool, en gaz carbonique, en glycérine et en acide succinique : la levûre augmente de poids et de volume et on recueille environ sept fois autant de levûre qu'on en avait semé. La présence de matières albuminoïdes et de phosphates dans la liqueur est nécessaire à la fermentation : lorsque la liqueur sucrée n'en contient pas, il faut, pour produire la fermentation, mettre un excès de levûre, dont une portion se détruira pour servir d'aliment à l'autre portion.

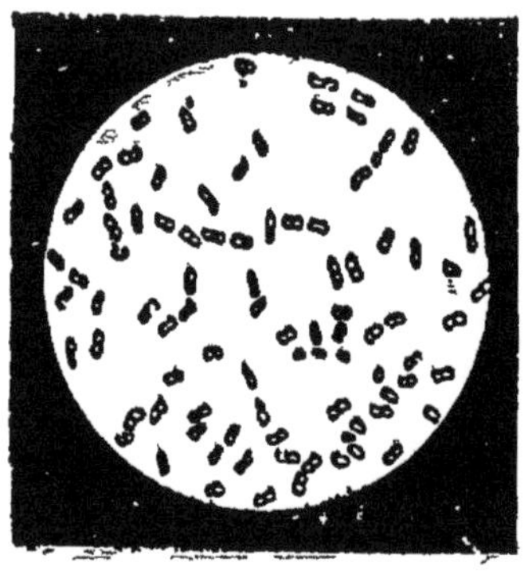

Fig. 26. — Ferment lactique.

122. ***Fermentations diverses.*** — Chaque fermentation correspond à un ferment spécial. Ainsi les liquides sucrés se transforment en *acide lactique* sous l'action d'un *ferment lactique*, beaucoup plus petit que la levûre de bière (*fig.* 26); l'acide lactique se transforme en acide butyrique sous l'action de vibrions particuliers; l'alcool se transforme en *acide acétique* sous l'action du ferment acétique, etc.

BOISSONS FERMENTÉES

123. ***Boissons fermentées.*** — Tous les sucs végétaux contenant des matières sucrées et des matières albuminoïdes et minérales sont susceptibles de fermenter : on obtient alors les *boissons fermentées*, telles que le *vin*, la *bière*, le *cidre*, le *poiré*.

124. ***Vin.*** — Le *vin* est le résultat de la fermentation du jus ou *moût* de raisin. Les raisins mûrs sont foulés avec les pieds dans des cuves en bois; le moût de raisin est abandonné dans les celliers à une température de 20°; il entre en fermentation et dégage de l'anhydride carbonique, qui soulève la pulpe du grain et la grappe et les réunit à la surface en formant une croûte appelée le *chapeau*. Quand la fermentation devient plus lente, on brise le chapeau et on mélange toute la masse; la fermentation redevient plus active. Quand elle se ralentit de nouveau, on soutire le vin et on le met dans les tonneaux où doit s'achever la fermentation. Le vin devient de plus en plus clair; il dépose au fond des tonneaux, à l'état de *lie*, les débris du ferment et l'excès de matière colorante et de bitartrate de potassium. On soutire une seconde fois et on colle le vin avec du blanc d'œuf ou avec de la colle de poisson; en se coagulant sous l'action de l'alcool, l'albumine entraîne toutes les matières qui troublaient le vin.

125. ***Maladie des vins.*** — 1° *Vins acides.* — Le vin, exposé à l'air dans des tonneaux mal bouchés ou incomplètement remplis, subit la *fermentation acétique :* il se transforme en vinaigre : on dit alors que le vin est *aigre* ou *piqué*.

2° *Vins tournés.* — En été, il se développe dans le vin de petits filaments microscopiques qui le troublent et dégagent de l'anhydride carbonique : le vin devient fade et s'altère.

3° *Fleurs du vin.* — On appelle ainsi des mycodermes blancs qui se développent à la surface du vin exposé à l'air : c'est le *mycordema vini* qui rend le vin *plat*, en transformant son alcool en gaz carbonique et en eau.

4° Le vin peut devenir *gras* ou *huileux* par suite du développement de mycodermes particuliers ayant la forme de grains disposés en chapelets : cette maladie affecte surtout les vins blancs. Enfin les vins très vieux deviennent *amers*.

Pasteur a fait l'étude de toutes ces maladies et il a montré qu'il suffit de *chauffer* les vins pendant quelques minutes à une température de 55° pour en détruire tous les germes et en assurer la conservation indéfinie.

126. ***Essai des vins.*** — Pour déterminer la richesse alcoolique d'un vin, on en extrait l'alcool par distillation à l'aide de l'alambic **Salleron** (*fig.* 27). A cet effet, on distille le vin et on recueille le *tiers* du volume de vin employé; on y ajoute l'eau nécessaire pour compléter le volume primitif.

On détermine la richesse alcoolique de ce mélange d'eau

et d'alcool au moyen de l'alcoomètre centésimal de Gay-

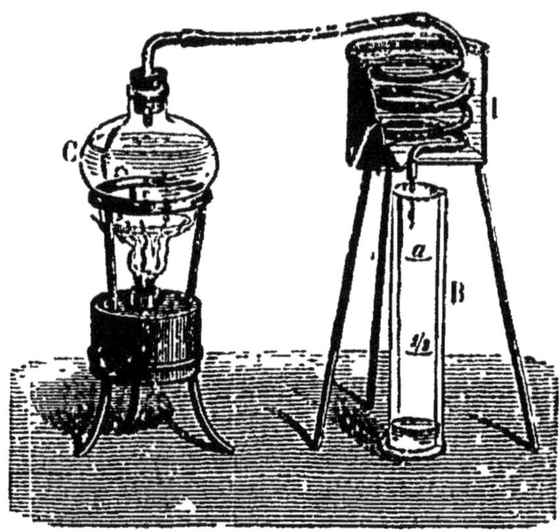

FIG. 27. — Appareil Salleron pour l'essai alcoolique des vins. — On remplit la burette, jusqu'au trait *a*, du vin à essayer; on verse le vin mesuré dans le petit ballon, puis on distille la liqueur et on recueille le liquide alcoolique dans la burette jusqu'au trait 1/2. On ajoute de l'eau jusqu'au trait de repère *a* et on plonge un alcoomètre dans la liqueur.

Lussac, à la température de 15°; la richesse alcoolique des divers vins varie de 8 à 20 p. 100.

127. *Bière.* — *L'orge*, humectée d'eau et placée dans un germoir à une température de 15°, germe, et l'amidon du grain d'orge se transforme en glucose sous l'action d'un ferment spécial, appelé la *diastase*, développé par la germination. Le grain d'orge germé est ensuite desséché à la température de 80° dans une étuve, appelée *touraille* : la *radicelle* du grain tombe; on concasse les grains entre des meules et on obtient une farine grossière constituant le *malt*. Le malt est étendu en couches de 40 centimètres d'épaisseur sur le fond percé de trous d'une cuve à double fond (*fig.* 28) dans laquelle on introduit de l'eau à la température moyenne de 70° : on brasse la masse et on l'abandonne à elle-même pendant trois heures dans la cuve fermée : au bout de ce temps, on soutire le liquide qui prend le nom de *moût*. Le malt resté dans la cuve est soumis à une seconde infusion avec de l'eau à 90°, puis à une troisième infusion avec de l'eau à 95°. Les moûts des deux premières infusions mélangés ensemble servent à faire la bière ordinaire; la troisième infusion donnera la petite bière. Le malt épuisé, sous le nom de *drèche*, est employé pour la nourriture des bestiaux.

Le moût est ensuite porté dans des chaudières en cuivre où on le fait bouillir avec du *houblon*, qui communique à la liqueur une saveur amère et contribue à sa conservation : on emploie généralement 500 grammes de houblon pour

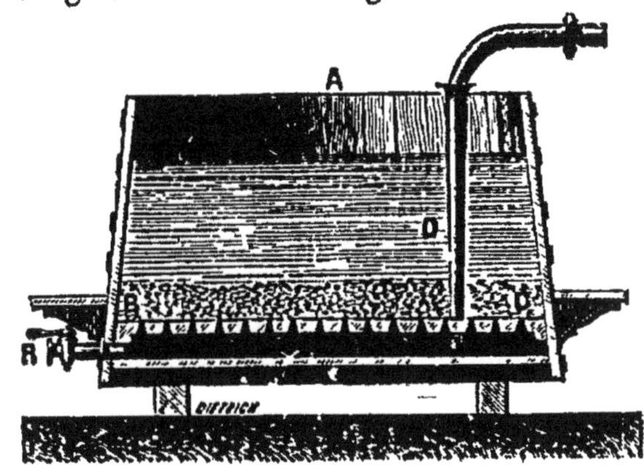

Fig. 28. — Cuve pour la préparation de la bière. — On place le malt sur le fond de la cuve, on ajoute de l'eau et on brasse pendant trois heures.

100 litres de bière. Le moût houblonné est refroidi rapidement dans de vastes bacs en cuivre, puis il est versé dans des cuves : on lui ajoute 4 kilogrammes de levûre de bière par 1 000 litres de moût et on abandonne le tout à la fermentation alcoolique. On soutire le liquide et on l'introduit dans des tonneaux appelés *quarts;* les résidus de la fermentation constituent la levûre de bière, qui pourra servir pour les opérations suivantes.

On ajoute souvent au moût de la glucose, du sirop de fécule, de la mélasse ou du sucre brut pour augmenter la proportion de matière fermentescible contenue dans le liquide. Souvent, pendant la fermentation, la bière s'altère par suite de la présence de germes étrangers dans la levûre; ces germes se développent lorsque la fermentation alcoolique est terminée. On atténue cette altération en conservant la bière dans des caves très fraîches et en employant la glace. **Pasteur** a proposé l'emploi d'un réfrigérant spécial dans lequel le moût est refroidi à l'abri du contact de l'air et fermente sous l'action d'une levûre *exempte de tout germe étranger*.

La bière renferme de l'eau, de l'alcool, de l'anhydride carbonique libre, des sels minéraux, etc. La bière est une boisson très fraîche et très tonique; elle est aussi très nourrissante, grâce au sucre, aux matières albuminoïdes et aux phosphates qu'elle renferme. Sa richesse alcoolique est comprise entre 3 p. 100 pour la bière de Strasbourg et 8 p. 100 pour l'*ale* anglaise.

128. ***Cidre. Poiré.*** — Le *cidre* est une boisson fermentée obtenue avec le jus des *pommes;* le *poiré* se fabrique avec le jus des *poires*. On concasse les pommes dans un *grugeoir* spécial de manière à obtenir une *pulpe* que l'on abandonne à l'air jusqu'à ce qu'elle ait pris une couleur brunâtre; on porte la pulpe sous le *pressoir* et l'on recueille le jus sucré, que l'on abandonne dans des tonneaux imparfaitement bouchés. La fermentation alcoolique s'accomplit naturellement sous l'action du ferment alcoolique reçu par la pulpe pendant son exposition à l'air. Lorsque la fermentation est terminée, on obtient un liquide acide et légèrement amer. Si l'on veut obtenir le *cidre doux*, il faut enfermer le cidre dans des tonneaux préalablement soufrés, avant que la fermentation soit terminée : le cidre doux mis en bouteilles devient mousseux et conserve sa saveur sucrée. Le cidre renferme de 4 à 9 p. 100 d'alcool.

129. ***Eaux-de-vie.*** — Les vins, soumis à la distillation, dégagent de l'alcool, de l'eau et divers produits odorants. On appelle **eau-de-vie** le produit de la distillation des liqueurs alcooliques, lorsque la teneur en alcool est inférieure à 59 p. 100, et on donne le nom d'*esprit* à tout liquide alcoolique renfermant de 60 à 90 p. 100 d'alcool.

Les meilleures eaux-de-vie proviennent de la distillation des vins blancs de *Cognac* fermentés sans pulpe ni rafle, qui donneraient à l'eau-de-vie un goût âcre. On peut encore préparer de l'eau-de-vie de cidre ou de l'eau-de-vie de marc provenant de la distillation du marc de raisin, humecté d'eau et abandonné à la fermentation. Le kirsch, le rhum, le tafia, le genièvre, sont des eaux-de-vie dont la matière première est la cerise sauvage, la mélasse de canne à sucre ou la baie de genièvre.

130. ***Distillation des liquides fermentés.*** — Dans les liquides fermentés, l'alcool est mélangé à une grande quantité d'eau, à laquelle il se mêle facilement et dont la température d'ébullition est assez voisine de celle de l'alcool, de sorte qu'après une seule distillation dans l'alambic, on a un alcool contenant encore 25 à 50 p. 100 d'eau et constituant l'*eau-de-vie* du commerce.

Pour avoir de l'alcool marquant 80 à 95°, comme cela est nécessaire dans l'industrie, il faudrait faire un grand nombre de distillations successives. Aujourd'hui, on y arrive par une seule distillation, au moyen d'appareils appelés *déphlegmateurs.*

Le principe de la méthode consiste à faire passer le mélange de vapeur d'eau et d'alcool dans un premier serpentin, entouré d'eau un peu chaude et dans lequel l'eau se condense presque entièrement, tandis que l'alcool reste à l'état de vapeur et va se condenser dans un serpentin, placé plus loin et refroidi. L'eau, condensée dans le premier serpentin, revient à la chaudière.

Mais, en même temps que les vapeurs s'appauvrissent ainsi en eau, on les enrichit en alcool. Pour cela, au lieu d'introduire directement dans la chaudière le liquide à distiller, on lui fait suivre, en sens inverse, le même chemin qu'aux vapeurs qui se dégagent; ce liquide s'échauffe alors de plus en plus, son alcool se vaporise peu à peu et se mêle aux vapeurs qui se dégagent.

131. ***Alcools d'industrie.*** — On extrayait autrefois l'alcool des liqueurs fermentées, en les distillant dans un alambic et en soumettant le liquide distillé à une série de rectifications successives; aujourd'hui, on fait fermenter les jus sucrés naturels et on les distille ensuite dans des appareils continus qui donnent, par une seule opération, des produits dont le titre en alcool est très élevé; on obtient ainsi les *alcools de betterave;* ou bien on transforme en sucre l'amidon des céréales ou de la pomme de terre, et on fait ensuite fermenter la liqueur; ce qui donne les *alcools de grains* et les alcools de *pomme de terre.*

Les alcools d'industrie contiennent des impuretés qui leur communiquent une odeur et, surtout, un goût caractéristiques, c'est ce que l'on appelle des alcools *mauvais goût.*

Ces impuretés sont principalement des alcools supérieurs tels que les alcools propylique, butylique, amylique, des éthers, des huiles essentielles, etc.

Pour en débarrasser l'alcool, on le rectifie, en le distillant de nouveau dans un appareil à colonne; on rejette les premières portions, qui sont surtout les éthers et les produits les plus volatils et les plus odorants, on rejette aussi les dernières portions, qui contiennent des substances goudronneuses; on ne recueille que le produit intermédiaire, qui marque environ 95° et constitue les alcools *bon goût*.

Cette rectification n'enlève pas complètement à l'alcool ses impuretés et lui laisse toujours une légère saveur rappelant son origine.

Divers moyens ont été proposés pour purifier entièrement l'alcool. On a introduit dans l'appareil distillatoire une solution de potasse perlasse, pendant la rectification; on a fait passer un courant d'air, à une certaine température, pour entraîner les produits volatils; enfin, plus récemment, on a fait passer dans l'alcool, au moyen de machines génératrices, un courant électrique, qui, décomposant l'eau, fournit de l'oxygène et de l'hydrogène naissants, qui agissent tous deux chimiquement pour détruire les impuretés.

Ces procédés, tout en amenant une purification plus grande de l'alcool, ont l'inconvénient d'être dispendieux.

CHAPITRE IV

ÉTHERS

132. *Éthers en général.* — On connaît deux classes d'éthers : les éthers provenant de la réaction de deux molécules d'alcool l'une sur l'autre avec élimination d'eau, et les *éthers-sels*.

Les éthers de la première catégorie sont des oxydes de radicaux alcooliques monoatomiques; les éthers-sels résultent de la réaction des acides sur les alcools. Nous étudierons d'abord les éthers de la première catégorie, en prenant pour type l'*éther ordinaire*, ou **oxyde d'éthyle**, appelé vulgairement éther sulfurique.

133. ***Éther ordinaire*** **$(C^2H^5)^2O$.** — Cet éther peut être considéré comme résultant de la réaction de deux molécules d'alcool éthylique l'une sur l'autre avec élimination d'eau :

$$C^2H^5(OH) + C^2H^5(OH) = (C^2H^5)^2O + H^2O.$$

On peut dire alors que l'on obtiendra l'*éther ordinaire* en *déshydratant* partiellement l'alcool éthylique; la déshydratation totale donnerait de l'éthylène. Le corps déshydratant employé est l'*acide sulfurique.*

On mélange d'abord 7 parties d'alcool ordinaire avec 10 parties d'acide sulfurique concentré; il y alors formation d'*acide éthylsulfurique* ou *bisulfate d'éthyle.*

$$\underset{\text{Alcool.}}{C^2H^5(OH)} + SO^4H^2 = \underset{\text{Acide éthylsulfurique.}}{SO^4\!\left\langle\begin{matrix} H \\ C^2H^5 \end{matrix}\right.} + H^2O.$$

Si on introduit le mélange dans un ballon et si on fait couler sur le liquide un courant continu d'alcool, en maintenant la température à 140° environ, il y aura formation d'éther et régénération d'acide sulfurique :

$$SO^4\!\left\langle\begin{matrix} H \\ C^2H^5 \end{matrix}\right. + C^2H^5(OH) = SO^4H^2 + (C^2H^5)^2O.$$

Dans les laboratoires on emploie un ballon (*fig.* 29) dans lequel a été introduit le mélange d'alcool et d'acide sulfurique; au ballon fait suite un réfrigérant refroidi par un courant continu d'eau froide. Le ballon est chauffé au bain de sable à 140°; un courant continu d'alcool tombe continuellement sur le liquide contenu dans le ballon; un thermomètre permet de régler la vitesse du courant d'alcool de façon que la température reste à peu près invariable à 140°.

Il passe à la distillation un mélange d'éther, d'eau, d'alcool, etc., que l'on recueille dans un ballon. Théoriquement, une quantité déterminée d'acide sulfurique peut transformer en éther des quantités illimitées d'alcool ; dans la pratique, l'acide sulfurique s'altère à la longue et ne peut éthériser que 25 à 30 fois son poids d'alcool. Le pro-

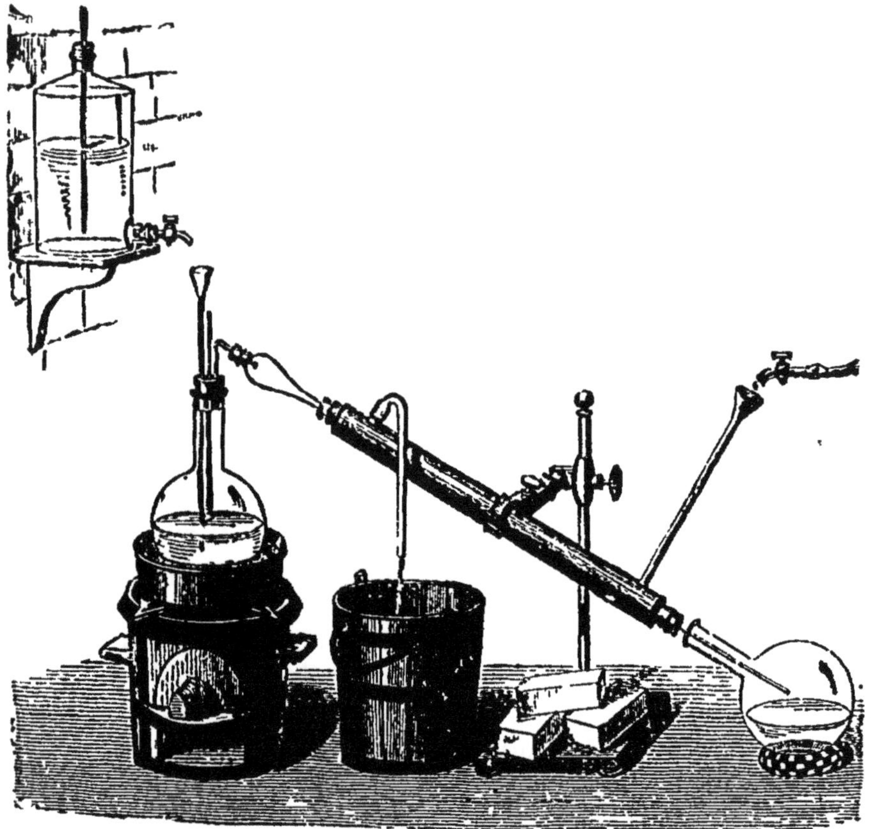

FIG. 29. — Préparation de l'éther ordinaire.

duit obtenu est d'abord lavé à l'eau, qui dissout l'alcool ; l'éther surnage ; on le décante, on le met en digestion avec un lait de chaux, on le distille et on le rectifie sur du chlorure de sodium et enfin sur du sodium. Dans l'industrie, on transforme de même l'alcool par l'acide sulfurique dans des récipients en plomb.

134. ***Propriétés de l'éther.*** — L'éther est un liquide très mobile, très volatil, d'une odeur pénétrante spéciale, d'une saveur à la fois brûlante et fraîche. Il a pour densité 0,736. Il bout à 35° ; on peut le solidifier, en le refroidissant à

— 3°. L'éther se mêle très difficilement à l'eau, à la surface de laquelle il surnage ; il dissout le brome, l'iode, le phosphore, l'alcool, les essences, les résines, les corps gras, etc. ; il est très inflammable : sa vapeur mélangée à l'air détone à l'approche d'un corps enflammé.

L'éther, en brûlant, se transforme en eau et gaz carbonique :

$$(C^2H^5)^2O + 6O^2 = 4CO^2 + 5H^2O.$$

La respiration d'un mélange de vapeur d'éther et d'air produit l'insensibilité, comme le chloroforme.

L'éther est utilisé en médecine comme anesthésique et dans les laboratoires comme dissolvant. On a essayé aussi d'employer comme moteur un mélange de vapeur d'éther et d'air atmosphérique, qui détone quand on l'enflamme.

La fonction chimique de l'éther ordinaire est d'être un *oxyde de radical alcoolique monovalent;* de même que l'oxyde de potassium a pour formule K^2O, l'éther ordinaire aura pour formule $(C^2H^5)^2O$, dans laquelle le radical *éthyle* joue le même rôle que le potassium dans K^2O.

ÉTHERS-SELS

135. *Éthers-sels.* — Les *éthers-sels* résultent de l'action directe des acides sur les alcools, avec élimination d'eau ; de plus, les éthers, sous l'action de l'eau ou des bases, régénèrent l'alcool et l'acide constitutifs.

On peut rapprocher la formation des éthers-sels de la formation des sels métalliques ; nous allons examiner différents cas, en supposant que l'alcool employé est un *alcool monoatomique :* l'alcool éthylique, par exemple.

1° *Acide monobasique.* — L'acide chlorhydrique donne les réactions suivantes :

Avec l'alcool et l'acide chlorhydrique on obtient :

$$C^2H^5(OH) + HCl = C^2H^5Cl + H^2O.$$

Avec la potasse et l'acide chlorhydrique on obtient :

$$K(OH) + HCl = KCl + H^2O.$$

On n'obtient dans ce cas qu'un seul éther-sel qui est l'éther chlorhydrique. L'acide azotique donnerait :

$$C^2H^5(OH) + AzO^3H = AzO^3(C^2H^5) + H^2O.$$
$$K(OH) + AzO^3H = AzO^3K + H^2O.$$

2° *Acide bibasique.* — L'acide sulfurique donne deux éthers; l'un est le sulfate neutre d'éthyle; l'autre est le sulfate acide d'éthyle ou acide éthylsulfurique :

$$2C^2H^5(OH) + SO^4H^2 = SO^4(C^2H^5)^2 + 2H^2O$$
$$C^2H^5(OH) + SO^4H = SO^4H^2(C^2H^5) + H^2O.$$

La potasse et l'acide sulfurique donneraient :

$$2K(OH) + SO^4H^2 = SO^4K^2 + 2H^2O$$
$$K(OH) + SO^4H^2 = SO^4HK + H^2O.$$

En comparant ces formules avec les précédentes, on voit que les éthers peuvent être comparés à de véritables sels, à la condition de considérer C^2H^5 comme un *radical* jouant le rôle de métal analogue au potassium et pouvant se substituer à l'hydrogène typique de l'acide; on a donné le nom d'*éthyle* au radical C^2H^5.

L'alcool ordinaire a alors pour formule $C^2H^5(OH)$: c'est l'hydrate d'éthyle, l'éther chlorhydrique est du **chlorure d'éthyle** C^2H^5Cl, et l'*éther azotique* serait de l'azotate d'éthyle, $AzO^3(C^2H^5)$; les éthers sulfatiques seraient du sulfate neutre et du bisulfate d'éthyle.

A chaque alcool monoatomique correspond un radical particulier, homologue de l'éthyle :

Alcools	Radicaux.
Alcool méthylique ou *esprit de bois*...	*Méthyle.*
— *éthylique* ou *alcool de vin*.....	*Éthyle.*
— *propylique*....................	*Propyle.*
— *butylique*.....................	*Butyle.*
— *amylique*......................	*Amyle.*

A un alcool de formule $C^nH^{2n+1}(OH)$ correspond un *radical* ayant pour formule C^nH^{2n+1}.

136. ***Saponification des éthers.*** — Les éthers traités par un alcali régénèrent l'alcool; on dit alors que l'éther a été *saponifié;* il se forme, en outre, le sel alcalin correspondant à l'acide générateur de l'éther :

$$C^2H^5Cl + KOH = C^2H^5(OH) + KCl.$$

Nous trouverons une application de cette propriété dans la fabrication des *savons.*

137. ***Préparation des éthers-sels.*** — Les éthers-sels se préparent d'ordinaire en chauffant dans une cornue un mélange d'alcool, d'acide sulfurique et du sel de sodium correspondant à l'acide générateur de l'éther-sel.

Ainsi, pour préparer l'*éther acétique*, on distille dans une cornue de verre un mélange de 30 grammes d'acétate de sodium fondu avec 30 grammes d'alcool et 20 grammes d'acide sulfurique :

$$SO^4H^2 + C^2H^5(OH) + C^2H^3O^2Na = C^2H^3O^2(C^2H^5) + SO^4NaH.$$

L'éther *chlorhydrique* se préparerait avec du chlorure de sodium, de l'alcool et de l'acide sulfurique.

$$SO^4H^2 + C^2H^5(OH) + NaCl = C^2H^5Cl + SO^4NaH.$$

138. ***Chlorure de méthyle,*** **CH^3Cl.** — Le *chlorure de méthyle* peut s'obtenir par l'action directe du chlore sur le méthane; on peut aussi chauffer un mélange de sel marin, d'alcool méthylique et d'acide sulfurique. Dans l'industrie, on utilise les produits volatils provenant de la calcination des vinasses de betteraves; on traite ces produits par l'acide chlorhydrique du commerce et on obtient le chlorure de méthyle.

Le chlorure de méthyle est un gaz incolore, d'une odeur éthérée. Sa densité est 0,991. Il se liquéfie à — 23°,7 et se solidifie à — 36°. C'est un gaz peu soluble dans l'eau, très soluble dans l'alcool. Il brûle avec une flamme verdâtre.

L'évaporation rapide du chlorure de méthyle liquide produit un abaissement de température, qui est utilisé dans certains appareils réfrigérants et qui le fait employer comme un anesthésique local.

Il est utilisé aussi pour la fabrication des couleurs dérivées de l'aniline.

CHAPITRE V

GLYCÉRINE ET CORPS GRAS

139. ***Alcools triatomiques.*** — Un *alcool triatomique* est un alcool pouvant, en réagissant sur un acide, donner naissance à *trois* éthers-sels différents. Ces alcools sont peu nombreux; le seul important est la **glycérine**, $C^3H^5(OH)^3$.

140. ***Éthers-sels d'un alcool triatomique.*** — Un alcool triatomique, comme la glycérine, $C^3H^5(OH)^3$, donne avec les acides monobasiques trois éthers différents. En effet, avec l'acide chlorhydrique on obtient trois éthers appelés *chlorhydrines* qui sont : la *monochlorhydrine* $C^3H^5(OH)^2Cl$, la *dichlorhydrine* $C^3H^5(OH)Cl^2$ et la *trichlorhydrine* $C^3H^5Cl^3$.

Les principes gras sont des éthers-sels de la glycérine, comme on le verra plus loin.

141. ***Glycérine,*** $C^3H^5(OH)^3$. — Les corps gras naturels sont des mélanges de trois principes gras appelés *oléine, stéarine* et *margarine;* ces principes gras peuvent être considérés comme les éthers neutres de la glycérine et d'acides monobasiques particuliers appelés *acides gras* et qui sont :

Acide palmitique.................... $C^{16}H^{32}O^2$
— *margarique*.................... $C^{17}H^{34}O^2$
— *stéarique*.................... $C^{18}H^{36}O^2$
— *oléique*.................... $C^{18}H^{34}O^2$.

En saponifiant les corps gras par un alcali ou par l'oxyde de plomb, on forme un savon et on régénère la glycérine (§ **136**). Dans les laboratoires, on prépare la glycérine en saponifiant, en présence de l'eau, l'huile d'olives par l'oxyde de plomb finement pulvérisé; il se forme un *savon à base de plomb* et de la glycérine : on traite la liqueur décantée par un courant d'hydrogène sulfuré pour précipiter l'oxyde de plomb dissous et on sépare la glycérine de l'eau par une dernière évaporation.

142. ***Propriétés de la glycérine.*** — La *glycérine* est une substance neutre, liquide, sirupeuse, déliquescente, ayant pour densité 1,264, et bouillant à 285°. Elle a une saveur sucrée; inodore à froid, elle répand à chaud une odeur particulière.

La *glycérine* se solidifie à quelques degrés au-dessous de zéro. Elle se mêle en toutes proportions à l'eau et à l'alcool. Elle brûle avec une flamme claire, en dégageant beaucoup de chaleur.

La *glycérine* est un alcool *triatomique* : elle forme avec un acide monobasique *trois éthers*, dont l'un est neutre et les deux autres sont acides.

Avec l'acide chlorhydrique, on obtient trois éthers qui sont la *monochlorhydrine*, la *dichlorhydrine* et la *trichlorhydrine*, en substituant un atome de chlore au groupement (**OH**).

En effet, la glycérine peut s'écrire $(C^3H^5)(OH)^3$;

La *monochlorhydrine* sera............... $C^3H^5(OH)^2Cl$;

La *dichlorhydrine*...................... $C^3H^5(OH)Cl^2$;

La *trichlorhydrine*...................... $C^3H^5Cl^3$.

De même, avec l'acide azotique, on obtiendrait trois nitrines dont la plus importante est la *trinitrine* ou nitroglycérine $C^3H^5(AzO^3)^3$:

$$3AzO^3H + C^3H^5(OH)^3 = C^3H^5(AzO^3)^3 + 3H^2O.$$

Avec les acides gras on obtient les éthers correspondants, les principes gras sont les éthers neutres, *trioléine*, *tristéarine*, *trimargarine*, appelés vulgairement oléine, stéarine et margarine.

Ces éthers, traités par l'eau pure, régénèrent l'acide stéarique et la glycérine, sous l'action de la chaleur. En présence des alcalis ou des oxydes métalliques et de l'eau, ces éthers *se saponifient*, en produisant un sel de l'acide primitif et en régénérant la glycérine.

143. ***Usages de la glycérine.*** — Elle est employée pour le pansement des plaies, des dartres, des engelures : elle est utilisée pour maintenir humide l'argile à modeler, les cuirs, les mortiers, l'encolage des tisserands, etc.

144. ***Nitroglycérine. — Dynamite.*** — Parmi les éthers de la glycérine, il faut citer la *trinitrine* ou nitroglycérine, $C^3H^5(AzO^3)^3$, que l'on prépare en versant la glycérine goutte à goutte dans un mélange d'acide azotique et d'acide sulfurique concentrés et refroidis. On obtient un liquide huileux, jaunâtre, insoluble dans l'eau et détonant par le choc ou par la chaleur, ou quelquefois spontanément.

La *dynamite* s'obtient en mélangeant la nitroglycérine à une matière inerte, comme le sable, la brique pilée, etc.; on prend généralement 75 parties de nitroglycérine pour 25 parties de terre siliceuse; le mélange ainsi obtenu détone par un choc violent ou par l'explosion d'une capsule de fulminate de mercure. Elle fait explosion sous l'eau et produit des effets très puissants. On s'en sert pour faire sauter des quartiers de rocs ou pour charger des torpilles en mélangeant de la nitroglycérine à du coton-poudre en proportions convenables.

La détonation de la nitroglycérine produit de l'anhydride carbonique, de l'eau, de l'azote et de l'oxygène :

$$4C^3H^5(AzO^3)^3 = 12CO^2 + 10H^2O + 6Az^2 + O^2.$$

CORPS GRAS

145. ***Corps gras en général.*** — Les corps gras naturels sont formés par le mélange, en proportions variables, de principes immédiats qui sont l'*oléine*, la *stéarine*, la *margarine* et la *palmitine*.

L'*oléine*, ou mieux *trioléine*, $C^3H^5(C^{18}H^{33}O^2)^3$, est un éther de la glycérine, dont l'acide est l'*acide oléique;* l'oléine existe dans presque tous les corps gras. On l'obtient en soumettant l'huile d'olive au refroidissement à la température de 0° : la *margarine* se fige; l'*oléine* reste liquide et peut facilement être séparée par décantation.

La *stéarine*, ou mieux *tristéarine*, $C^3H^5(C^{18}H^{35}O^2)^3$, est l'éther stéarique de la glycérine dont l'acide est l'*acide stéarique* Elle est très abondante dans le suif de mouton; elle est solide, cristalline, insoluble dans l'eau, mais soluble dans l'alcool et dans l'éther; elle fond à 64°,2. On l'extrait du suif de mouton, en traitant celui-ci par l'éther à chaud : la stéarine se dissout; on abandonne la liqueur à la cristallisation par refroidissement; on obtient des cristaux que l'on comprime pour en exprimer l'oléine; puis on dissout de nouveau dans l'éther; après plusieurs compressions et cristallisations successives, on obtient la stéarine pure.

La *margarine*, ou *trimargarine*, $C^3H^5(C^{17}H^{33}O^2)^3$, est un *éther margarique* de la glycérine dont l'acide est l'*acide margarique;* elle existe dans la graisse humaine dans l'huile d'olive et dans les beurres. Elle fond à 62°.

La *palmitine*, $C^3H^5(C^{16}H^{31}O^2)^3$, existe dans l'huile de palme et dans la plupart des graisses. On la prépare en exprimant l'huile de palme, en la traitant par l'alcool bouillant et en faisant cristalliser à plusieurs reprises dans l'éther la partie insoluble dans l'alcool.

146. *Huiles.* — Les **huiles** sont des corps gras d'origine végétale, formés d'un mélange d'*oléine* et de *palmitine*, obtenus par expression des graines ou des fruits qui les renferment. Les huiles destinées à l'éclairage sont *épurées* en les battant avec quelques centièmes d'acide sulfurique concentré.

Les huiles se divisent en deux catégories : les *huiles non siccatives* et les *huiles siccatives*. Les premières, telles que l'huile d'olive et l'huile de colza, demeurent liquides en absorbant l'oxygène de l'air, rancissent et se transforment en acides gras; les *huiles siccatives*, telles que l'huile de lin, absorbent l'oxygène de l'air et se transforment en résines en durcissant; les huiles siccatives sont utilisées pour délayer les couleurs et pour fabriquer les vernis.

L'huile d'olive bien pure, ou huile vierge, est employée comme comestible; l'huile d'olive ordinaire et l'huile de colza sont employées pour l'éclairage. Enfin, les huiles sont très employées pour la fabrication des savons.

147. *Graisses.* — Les *graisses* sont formées par un mélange d'oléine, de stéarine et de margarine en proportions variables.

	Stéarine et Palmitine.	Oleine.
Suif de mouton	80	20
Suif de bœuf	76	24
Graisse de porc	38	62

Elles sont solides à la température ordinaire. Elles fondent au-dessous de 60°; elles sont insolubles dans l'eau, mais solubles dans l'alcool, l'éther et les essences. Elles sont plus ou moins molles à la température ordinaire et constituent les *beurres*, les *graisses* et les *suifs*. Elles sont d'origine animale.

Le *suif* est la graisse des herbivores (moutons, bœufs); il est contenu dans les cellules du tissu graisseux; pour l'extraire, on chauffe le suif : les cellules se déchirent, la graisse fond; on filtre sur des toiles. Pour préparer les *chandelles*, on fait fondre le suif au bain-marie et on le coule dans des moules dans l'axe desquels est tendue une mèche de coton tressée.

CHAPITRE VI

ACIDES GRAS

148. ***Acides organiques en général.*** — Les acides *organiques* ont des propriétés chimiques identiques aux propriétés chimiques des acides *minéraux*. A chaque acide organique correspond toute une série de sels semblables en tous points aux sels que forment les acides minéraux [1]. Les sels provenant d'un acide organique s'obtiennent, comme les sels minéraux, en remplaçant par un métal les atomes d'hydrogène remplaçables de l'acide. Il est à remarquer ici que tous les atomes d'hydrogène d'un acide organique ne sont pas nécessairement remplaçables par un métal.

Les acides organiques sont monobasiques, bibasiques ou tribasiques, selon leur nature; l'acide acétique est monobasique; l'acide oxalique est bibasique, etc.

Nous ne nous occuperons ici que des acides organiques monobasiques, appartenant à la série grasse; aux alcools monoatomiques de formule $C^nH^{2n+1}(OH)$ correspondent des acides appelés **acides** de la *série grasse*, de formule $C^nH^{2n}O^2$; nous étudierons aussi l'*acide oléique*.

1. Voir *Cours de Chimie*, Classe de seconde (Sections C et D).

Acide.	Formule.	Radical.	Hydrogène remplaçable.
Acide formique..........	CH^2O^2	CHO^2	H
— *acétique*...........	$C^2H^4O^2$	$C^2H^3O^2$	H
— *margarique*.......	$C^{17}H^{34}O^2$	$C^{17}H^{33}O^2$	H
— *stéarique*..........	$C^{18}H^{36}O^2$	$C^{18}H^{35}O^2$	H
— *palmitique*........	$C^{16}H^{32}O^2$	$C^{16}H^{31}O^2$	H
— *oléique*............	$C^{18}H^{34}O^2$	$C^{18}H^{33}O^2$	H

149. ***Acide acétique***, $C^2H^4O^2$ ou $C^2H^3O^2(H)$. — L'acide *acétique* est le résultat de l'oxydation de l'alcool ordinaire, soit par l'oxygène de l'air en présence du noir de platine, soit par l'oxygène de l'air par l'intermédiaire du ferment acétique (*mycoderma aceti*).

On peut préparer l'acide acétique par distillation du bois; nous avons déjà extrait du bois l'alcool méthylique (§ 114); le liquide restant après séparation de l'alcool méthylique est saturé par du carbonate de sodium; on obtient de l'acétate de sodium que l'on fait cristalliser et qu'on purifie par plusieurs cristallisations successives en dissolvant la masse dans l'eau. On fait fondre les cristaux et on obtient l'acétate de sodium fondu; on chauffe dans une cornue, à une température voisine de 150°, l'acétate de sodium fondu avec de l'acide sulfurique concentré; l'acide acétique distillé et ses vapeurs sont condensés dans un récipient refroidi. Le liquide obtenu est rectifié à 5° par cristallisation, parce que l'acide acétique cristallise à 70°; on obtient ainsi l'acide *acétique cristallisable*.

L'*acide acétique* concentré, ou *acide cristallisable*, est un liquide incolore, soluble en toutes proportions dans l'eau, l'alcool et l'éther, bouillant à 184° et cristallisant à + 17°.

Il se décompose, au rouge sombre, en méthane et en anhydride carbonique.

$$C^2H^4O^2 = CH^4 + CO^2.$$

La décomposition est facilitée par la présence d'un alcali, comme nous l'avons vu dans la préparation du méthane.

La vapeur d'acide acétique brûle avec une flamme bleue, en donnant de l'eau et du gaz carbonique.

Le chlore, sous l'action de la lumière solaire, réagit sur

l'acide acétique en se substituant à l'hydrogène de $C^2H^3O^2$, sans modifier la propriété acide du corps.

On obtient ainsi les acides *chloroacétiques*, $C^2H^2ClO^2(H)$, $C^2HCl^2O^2(H)$ et $C^2Cl^3O^2(H)$; les deux premiers se forment à chaud; le troisième s'obtient à froid.

L'acide acétique est un *acide monobasique;* il forme des sels que l'on appelle des *acétates.*

150. ***Vinaigre.*** — Le vinaigre est de l'acide acétique étendu d'eau obtenu en oxydant l'alcool du vin par l'oxygène de l'air par l'intermédiaire d'un ferment spécial, appelé *mère du vinaigre* ou *mycoderma aceti :*

$$C^2H^5(OH) + O^2 = C^2H^4O^2 + H^2O.$$

Le mycoderma aceti ne peut vivre qu'à *la surface du vin;* il absorbe l'alcool du vin par sa face inférieure et l'oxygène de l'air par sa face supérieure; l'alcool s'oxyde; le ferment se développe en conservant l'eau et en rejetant l'acide acétique; si l'on submerge le ferment, l'oxydation s'arrête; si le développement du mycoderma est rapide, l'alcool est brûlé et transformé en anhydride carbonique et en eau; de là la pratique, chez les vinaigriers d'Orléans, de n'ajouter le vin que peu à peu à une dissolution un peu concentrée de vinaigre, à la surface de laquelle on a semé des germes de *mycoderma aceti* (*fig.* 30).

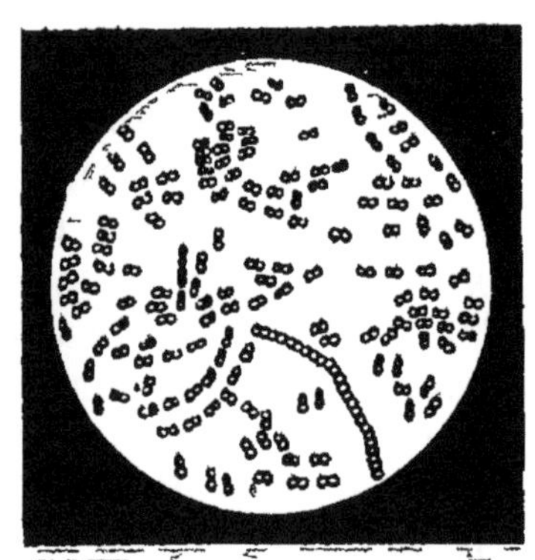

Fig. 30. — Mycoderma aceti.

Pour fabriquer le vinaigre, on emploie le *procédé d'Orléans;* on introduit 100 litres de vinaigre de bonne qualité dans des tonneaux portant deux ouvertures par lesquelles l'air peut circuler et ayant 200 litres de capacité; puis on y ajoute 10 litres de vin ordinaire et on place les tonneaux dans des celliers, à la température de 25° à 30°. Le mycoderme contenu dans le vinaigre se développe et l'alcool du vin s'oxyde; au bout de quelques jours, on soutire une portion du vinaigre que l'on remplace par un volume égal de vin et on renouvelle cette opération chaque jour.

Pasteur a modifié le procédé d'Orléans en proposant d'opérer dans des vases plats munis de tubes disposés de manière que l'on puisse remplacer le vinaigre par le vin, sans agiter le liquide et sans rompre la couche de mycoderme qui le recouvre.

Les germes de la fermentation acétique existent à l'état permanent dans l'air; aussi, quand on abandonne du vin à l'air, l'alcool du vin se transforme en acide acétique; le vin devient **aigre**; de là le mot *vinaigre*.

151. ***Falsification du vinaigre.*** — Le vinaigre du commerce est souvent falsifié : on le coupe avec de l'eau, on le *rehausse* par l'acide *sulfurique*, l'acide *chlorhydrique;* on le coupe avec des *vinaigres de glucose*, de *bière*, de *cidre*, de *bois*.

Un bon vinaigre doit avoir le vin pour origine; il doit être clair, limpide, d'une couleur jaune fauve foncée, et marquer 2°,5 à l'aréomètre de **Baumé**; il doit en moyenne contenir 7,5 p. 100 d'acide acétique cristallisable.

Tout vinaigre qui renfermera plus de cette proportion d'acide aura été nécessairement additionné d'*acide pyroligneux*.

Pour reconnaître si le vinaigre est bon, il suffira de verser 100 grammes de vinaigre sur 100 grammes de craie pulvérisée; si la saturation est complète, le vinaigre est bon.

Si le vinaigre est trop acide, on obtiendra encore une effervescence en ajoutant de la craie pulvérisée dans le vase où s'est opérée l'expérience précédente.

152. ***Usages du vinaigre.*** — On en assaisonne les mets; on y fait confire des légumes, on l'emploie en lotions, en fumigations; on en fait des vinaigres de toilette; il sert à la préparation de la céruse et de l'acétate de plomb.

153. ***Acétates usuels.*** — Les principaux acétates sont l'*acétate de sodium*, l'*acétate d'aluminium*, l'*acétate de cuivre* et les *acétates de plomb*.

L'*acétate de sodium*, $C^2H^3O^2(Na) + 2H^2O$, s'obtient en saturant l'acide acétique par une solution de carbonate de sodium. On l'emploie en photographie et comme antiseptique pour la conservation des viandes et des légumes.

L'*acétate d'aluminium* est employé comme *mordant* en teinture et pour rendre les étoffes imperméables à l'eau, tout en laissant passer les gaz de la transpiration. Les manteaux dits *waterproofs* se préparent en trempant les étoffes dans une solution étendue d'acétate d'aluminium et en les laissant sécher à froid.

L'*acétate de cuivre*, connu sous le nom de *verdet*, se prépare en mélangeant des dissolutions chaudes de sulfate de cuivre et d'acétate de plomb; on obtient un précipité de sulfate de plomb et une liqueur verte qui, par évaporation, abandonne les cristaux d'acétate de cuivre. L'acétate de cuivre est employé dans la teinture en noir et pour la préparation du vert de *Schweinfurth* servant à teindre en vert les tissus et à colorer les papiers peints; le vert de Schweinfurth est très vénéneux.

L'*acétate de plomb* s'obtient en mettant de la litharge en digestion avec de l'acide acétique; la solution d'acétate de plomb traitée par un courant d'anhydride carbonique laisse déposer un précipité blanc appelé *céruse* servant pour la peinture en blanc. L'*extrait de Saturne* des pharmaciens est une solution concentrée d'acétate tribasique de plomb; traitée par un excès d'eau, la liqueur donne l'*eau blanche* employée pour le pansement des plaies; la couleur laiteuse de l'eau blanche est due à la précipitation d'hydrate de plomb.

154. ***Acide palmitique***, $C^{16}H^{32}O^2$ ou $C^{16}H^{31}O^2(H)$. — L'*acide palmitique* est un corps solide blanc qu'on extrait de la palmitine ou du blanc de baleine. Le blanc de baleine est un corps gras qui existe dans les cavités crâniennes des cachalots; il sert à la confection des bougies de luxe, à la préparation de certaines pommades et du *coldcream*.

155. ***Acide margarique***, $C^{17}H^{34}O^2$ ou $C^{17}H^{33}O^2(H)$. — On le retire de la margarine; c'est un corps solide blanc; mélangé à l'acide palmitique et à l'acide stéarique, il sert à fabriquer les bougies.

156. ***Acide stéarique***, $C^{18}H^{36}O^2$ ou $C^{18}H^{35}O^2(H)$. — Ce corps, extrait de la stéarine, est un corps solide, blanc, cristallisé en aiguilles, fondant à 600°, insoluble dans l'eau et soluble dans l'alcool et l'éther à chaud. Il brûle avec une flamme éclairante; il est employé pour fabriquer les bougies.

157. ***Acide oléique***, $C^{18}H^{34}O^2$ ou $C^{18}H^{33}O^2(H)$. — L'*acide oléique* est un liquide visqueux incolore, que l'on obtient comme produit accessoire dans l'industrie des bougies stéariques.

158. ***Principes gras.*** — Les principes gras sont les éthers neutres de la glycérine ayant pour acides générateurs les acides oléique, stéarique, margarique et palmitique.

SAVONS ET BOUGIES

159. ***Savons.*** — On donne le nom de *savons* aux produits obtenus par la réaction des bases sur les principes gras. Les principes gras sont des éthers qui sont saponifiés par les bases pour former de la *glycérine* et un sel ayant pour acide l'acide générateur du principe gras; le sel formé s'appelle un *savon*. Prenons pour exemple la *stéarine* et la *soude* :

$$C^3H^5(C^{18}H^{35}O^2)^3 + 3Na(OH) = C^3H^5(OH)^3 + 3[C^{18}H^{35}O^2(Na)].$$

Le sel obtenu est le *stéarate de sodium* : on obtiendrait de même de l'*oléate de sodium*, du *margarate de sodium*, avec l'oléine et la margarine.

Avec l'hydrate de plomb, $Pb(OH)^2$, on obtiendrait de l'oléate de plomb ou du stéarate de plomb, etc.

Les savons à base de potasse et de soude sont solubles dans l'eau, l'alcool et l'éther; les savons à base de chaux et d'hydrate de plomb sont insolubles dans l'eau, l'alcool et l'éther; quand on traite les eaux calcaires par une solution alcoolique de savon à base de soude, on obtient un précipité blanc de savon à base de chaux.

Les savons employés pour le blanchissage sont à base de potasse ou de soude : l'*emplâtre* des pharmaciens est un savon à base de plomb. Les savons à base de potasse sont mous; les savons à base de soude sont durs : en outre, un savon est d'autant plus dur que le corps gras saponifié est moins fusible.

160. ***Savons durs.*** — Les *savons durs* se préparent avec de l'huile d'olive non comestible, du suif et des huiles de palme mélangées d'huile de coco. A *Marseille*, on opère de la manière suivante : on introduit dans une grande chaudière, au quart remplie d'une lessive faible de soude, le corps gras à saponifier et on fait bouillir le tout. On soutire ensuite ces lessives et on les remplace par d'autres plus concentrées qui continuent la saponification : on obtient ainsi un savon avec excès d'alcali qui est très soluble dans l'eau (*empâtage*). On ajoute à la masse des lessives chargées de sel marin : le savon, insoluble dans l'eau salée, se précipite; on le sépare des lessives épuisées, de la glycérine et des impuretés; on y ajoute de la nouvelle lessive concentrée pour terminer la saponification : on lave le savon avec de l'eau salée et enfin on fait bouillir la liqueur jusqu'à ce qu'elle ait pour densité 1,18 environ (*relargage*). On obtient ainsi un *savon brut* que l'on délaye dans une petite quantité de lessive faible et qu'on laisse refroidir.

161. *Savon marbré.* — Lorsque le refroidissement est rapide, les savons insolubles et colorés, provenant des oxydes étrangers contenus dans les matières premières, restent dans la pâte et forment des marbures bleuâtres : on obtient le *savon marbré* qui ne contient que 25 à 30 p. 100 d'eau.

162. *Savon blanc.* — Si le refroidissement de la masse est lent, les savons insolubles se précipitent et la pâte devient tout à fait blanche. On obtient ainsi le *savon blanc*, qui peut contenir jusqu'à 50 p. 100 d'eau.

Savons mousseux. — On les fabrique en saponifiant l'huile de palme : ils sont blancs, plus alcalins que le savon ordinaire de Marseille, et contiennent beaucoup d'eau.

Savon transparent. — On le prépare en dissolvant le savon blanc ordinaire dans l'alcool chaud qui en sépare toutes les impuretés; on coule la liqueur décantée dans des moules en fer-blanc : il est complètement transparent quand il est sec.

163. *Savons mous.* — On prépare les savons mous en saponifiant les huiles par des lessives caustiques de potasse; le savon obtenu est vert quand on le fabrique avec des huiles jaunes auxquelles on ajoute un peu d'indigo à la fin de la cuisson. Le savon noir s'obtient en saponifiant l'huile de chènevis; on le colore à l'aide du sulfate de fer, du sulfate de cuivre, du tanin et du bois de campêche. Ces savons renferment toujours un excès d'alcali et de la glycérine : ils contiennent environ 50 p. 100 d'eau.

164. ***Composition des savons.*** — Voici la composition des savons les plus employés :

	Acides gras.	Alcali.	Eau.
Savon marbré de Marseille.	60 à 64	6,0	34 à 30
— blanc de Marseille...	50,0	4,5	45,5
— unicolore d'Elbeuf...	65,7	7,8	26,5
— vert de Picardie......	41,0	9,0	50,0

Le savon blanc est employé pour le blanchissage et pour la toilette ; les savons mous, plus alcalins, servent au blanchissage des tissus grossiers, au foulage et au dégraissage de la laine, etc.

165. ***Emplâtre.*** — L'*emplâtre simple* est un savon à base de plomb. On le prépare en saponifiant une partie d'huile d'olive, mélangée à une partie d'axonge, par une partie d'oxyde de plomb.

On fond les matières grasses dans une marmite, on ajoute la litharge et un peu d'eau ; on porte la masse à l'ébullition et on agite sans cesse, en ajoutant de l'eau de temps en temps : la glycérine formée reste en dissolution dans l'eau et le savon de plomb se prend en une masse grisâtre, qui se durcit en se refroidissant.

166. ***Fabrication des acides gras.*** — Pour préparer les acides gras, on saponifie les corps gras par une base formant un savon insoluble que l'on isolera et que l'on décomposera par un acide minéral énergique, pour isoler l'acide gras.

On peut aussi saponifier directement le corps gras par la vapeur d'eau surchauffée à 300° ; les éthers de la glycérine absorbent de l'eau et régénèrent à la fois l'alcool et l'acide gras.

Enfin, on peut encore saponifier les graisses par l'acide sulfurique ; on obtient les *acides sulfogras* que l'on décompose par l'eau bouillante.

Dans l'industrie on emploie généralement le premier procédé que nous avons indiqué.

167. ***Bougies stéariques.*** — Les bougies stéariques doivent leur origine aux travaux de M. **Chevreul** et de **Gay-Lussac** : elles sont formées par un mélange d'*acides gras*, fondus, clarifiés, puis coulés dans des moules, dans l'axe desquels se trouve une mèche de coton *tressée* et imprégnée d'acide borique.

Pour les préparer, on fait usage de suif de bœuf ou de mouton, d'huile de palme ou de graisses de basse qualité. Les matières grasses sont saponifiées par de la chaux dans

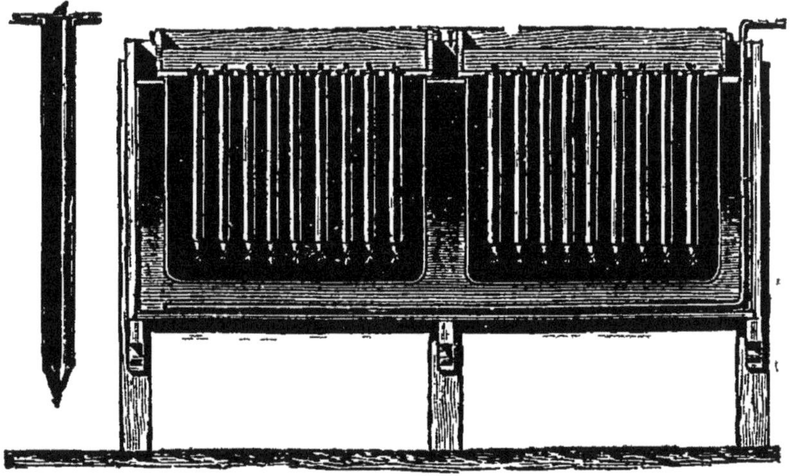

Fig. 31. — Moulage des bougies.

de grandes cuves en bois doublées de plomb, à la température de 150°. On laisse reposer; la partie liquide décantée est employée pour préparer la glycérine; le savon calcaire solide est lavé, pulvérisé et décomposé dans des cuves, semblables aux précédentes, par l'acide sulfurique en présence de l'eau bouillante. Il se forme du sulfate de chaux qui se dépose, et des acides gras qui se réunissent à la partie supérieure du liquide aqueux; on les décante, on les lave. Le mélange des acides gras est soumis à l'action de la presse, d'abord à froid, puis à chaud, pour en extraire l'acide oléique; on obtient ainsi des tourteaux d'acide stéarique et margarique que l'on refond et que l'on clarifie avec des blancs d'œuf. On coule ensuite les acides gras fondus dans les moules suivant l'axe desquels est tendue la mèche (*fig.* 31). On obtient ainsi la bougie brute, que l'on blanchit par une exposition à la lumière et à l'air humide.

La mèche de la bougie se recourbe dans la flamme, grâce au tressage du coton et se consume au contact de l'air; l'acide borique transforme les cendres en verre fusible, de sorte que la bougie se mouche d'elle-même.

CHAPITRE VII

PRINCIPES SUCRÉS

168. ***Principes sucrés.*** — Les principes sucrés sont des *hydrates de carbone* ayant pour formule $C^n(H^2O)^n$; les plus importants sont la *glucose* et la *saccharose*.

169. *Glucose*, $C^6H^{12}O^6$. — On appelle **glucoses** des principes sucrés, pouvant fermenter directement sous l'action de la levûre de la bière; ils sont isomères; desséchés à 100°, ils ont tous pour formule $C^6H^{12}O^6$.

Ce sont : la *glucose* ordinaire, ou sucre de raisin; la *lévulose* ou glucose de fruits; et un grand nombre d'autres principes dont la nature n'a pas encore été déterminée avec exactitude.

La *glucose* ordinaire, ou sucre de raisin, est très répandue dans la nature; elle forme la partie sucrée des raisins secs, le principe sucré de l'urine des diabétiques, un des principes sucrés du miel.

On prépare la glucose au moyen de la fécule de pommes de terre et de l'acide sulfurique. On mélange 1 partie d'acide sulfurique avec 50 parties d'eau; on fait bouillir la liqueur et on y ajoute peu à peu 5 parties de fécule délayée dans un poids égal d'eau tiède; on chauffe au bain-marie et on fait passer un courant de vapeur d'eau bouillante jusqu'à ce que quelques gouttes du liquide placées dans un verre ne bleuissent plus par l'eau iodée; toute la fécule est alors transformée en glucose. On sature l'excès d'acide par de la craie; on décante la liqueur, on la filtre sur du noir animal et on la concentre dans le vide jusqu'à ce qu'elle marque à froid 40° à l'aréomètre de **Baumé**; il se forme à la longue de la glucose cristallisée sous la forme d'une masse granuleuse.

La fécule s'est peu à peu transformée en dextrine, puis en glucose par addition d'eau.

$$\underset{\text{Fécule.}}{C^6H^{10}O^5} + H^2O = \underset{\text{Glucose.}}{(C^6H^{12}O^6)}.$$

Le sirop de fécule du commerce est un mélange de glucose et de dextrine, obtenu en interrompant l'opération avant la transformation complète de la fécule en glucose.

170. ***Propriétés de la glucose.*** — La **glucose** se trouve dans le commerce sous la forme d'une masse molle amorphe ou de mamelons en cristaux mal définis, ayant pour formule $C^6H^{12}O^6 + H^2O$, fondant à une température de 60° et perdant à 100° une molécule d'eau de cristallisation. La saveur est deux fois et demie moins sucrée que celle du sucre de canne. La glucose est très soluble dans l'eau, mais moins que le sucre ordinaire; elle est assez soluble à chaud dans l'alcool étendu.

Sous l'action de la chaleur, elle perd une molécule d'eau et se transforme en *glucosane*, $C^6H^{10}O^5$; à une température plus élevée, elle se transforme en caramel; puis elle perd son eau et laisse un résidu de charbon. La glucose chauffée avec de la potasse brunit rapidement; on utilise cette propriété pour reconnaître la présence de la glucose dans la cassonade.

La glucose réduit les sels de cuivre en présence d'un excès de potasse. Elle réduit l'azotate d'argent en solution dans l'eau additionnée de quelques gouttes d'ammoniaque: on obtient un dépôt d'argent réduit brillant; on utilise cette propriété pour argenter sur verre, notamment pour l'argenture des miroirs de télescope.

171. ***Dosage de la glucose.*** — Les sels de cuivre sont réduits par la glucose et il se forme un précipité rouge d'*oxyde cuivreux*, Cu^2O. On utilise cette réaction pour reconnaître la présence de la glucose et la doser. On prépare, à cet effet, une liqueur, dite *liqueur de Fehling* ou *liqueur de Barreswill*.

On dissout dans 300 grammes d'eau bouillante 40 grammes de carbonate de sodium et 50 grammes de bitartrate de potassium; on laisse refroidir la liqueur et on y ajoute une solution de 40 grammes de sulfate de cuivre dans 125 grammes d'eau.

Pour se servir de cette liqueur, on en place quelques centimètres cubes dans un tube d'essai; on fait bouillir et on ajoute une petite quantité de sucre à essayer. Si celui-ci renferme de la glucose, on obtient immédiatement un précipité rouge de **Cu^2O**. Pour le dosage de la glucose, on opère par liqueur titrée.

172. ***Lévulose,*** **$C^6H^{12}O^6$**. — Ce sucre existe dans les fruits acides; on l'extrait en suivant les procédés employés pour l'extraction de la glucose; on obtient une matière gommeuse, déliquescente, insoluble dans l'alcool absolu, mais soluble dans l'alcool étendu. Ce sucre constitue la partie incristallisable du miel.

173. ***Saccharoses,*** **$C^{12}H^{22}O^{11}$**. — **M. Berthelot** a donné le nom de *saccharoses* à des principes sucrés dont le plus important est le *sucre de canne* ou *de betterave.*

Les saccharoses fermentent difficilement, elles ne sont pas altérées par la potasse et elles ne réduisent pas le tartrate double de potassium et de cuivre.

SUCRE DE CANNE

174. ***État naturel de la saccharose.*** — On trouve la saccharose dans un grand nombre de végétaux, dans le *maïs*, la *carotte*, la *citrouille*, la *canne à sucre*, la *betterave*, le *sorgho*, l'*érable à sucre*, etc.

175. ***Fabrication du sucre de betterave.*** — La *betterave de Silésie*, à collet vert, renferme jusqu'à 18 p. 100 de sucre. Les racines de betterave sont lavées avec soin, puis râpées et transformées en une *pulpe* que l'on additionne d'eau (25 p. 100) et que l'on exprime dans des sacs de laine au moyen de presses hydrauliques. Le jus sucré est *filtré* et décoloré au noir animal par les procédés employés pour le sucre de canne.

Le jus sucré est ensuite évaporé et concentré dans un appareil très compliqué, appelé appareil à triple effet : l'évaporation s'opère sous des pressions décroissantes et donne comme produit final un *sirop*, ayant pour densité 1,2 environ. On soumet ce sirop à une nouvelle décoloration par le noir animal et on le concentre jusqu'à ce que sa température normale d'ébullition atteigne 112°; il contient alors 85 p. 100 de sucre : on le fait cristalliser dans des bacs aplatis et on obtient le *sucre brut*.

176. ***Raffinage du sucre.*** — Les procédés précédents fournissent le *sucre brut*, d'une couleur jaunâtre, renfermant 3 à 4 p. 100 de matières étrangères. Pour le raffiner, on le dissout dans le tiers de son poids d'eau dans des chaudières chauffées à la vapeur; on ajoute d'abord 5 p. 100 de noir animal fin; puis, quand la liqueur commence à bouillir, on ajoute un demi centième de sang de bœuf et on brasse le tout : l'albumine du sang de bœuf se coagule et entraîne toutes les matières en suspension; on laisse déposer et on soutire. La liqueur claire est filtrée à travers des filtres en étoffe, dits *filtres Taylor* (*fig.* 32), puis décolorée sur du noir animal et enfin filtrée une seconde fois. On la concentre dans le vide et on l'introduit dans un grand cristallisoir en cuivre, où on l'agite pendant son refroidissement jusqu'à 80°; les cristaux de sucre se forment; la masse devient épaisse. On l'introduit dans des *formes* A (*fig.* 33) où ont lieu l'*égouttage* et le *clairçage*. Pour claircer les pains de sucre, on verse, sur la base des pains, du sirop de sucre pur, qui déplace l'eau mère; on accélère

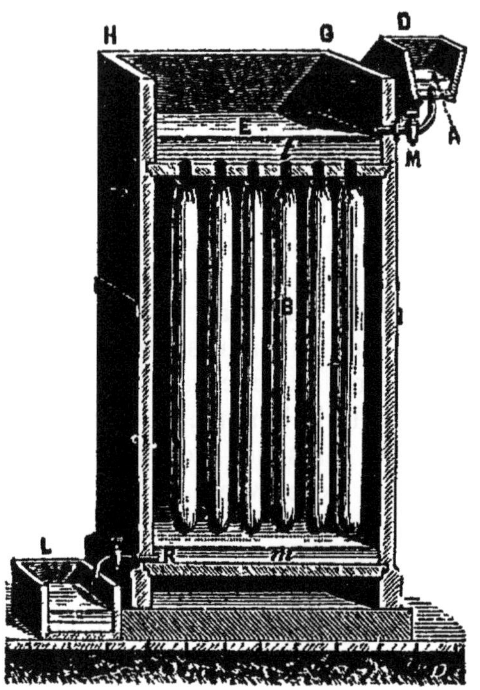

FIG. 32. — **Filtre Taylor.** — Le jus sucré est versé dans la caisse E; il pénètre par l'ouverture *t* dans un filtre en étoffe B. Le jus filtré se rassemble dans la cuve *m* d'où il s'écoule par le robinet R dans la cuve L.

les opérations en faisant le vide dans le récipient C, mis en relation avec la pointe ouverte des formes renversées. Les pains de sucre sont ensuite séchés à l'étuve.

Les résidus de la fabrication du sucre de betterave trouvent leur emploi en agriculture ou dans l'industrie : les feuilles et les débris de la betterave servent d'engrais; la pulpe sert d'aliment pour les bestiaux; les mélasses ser-

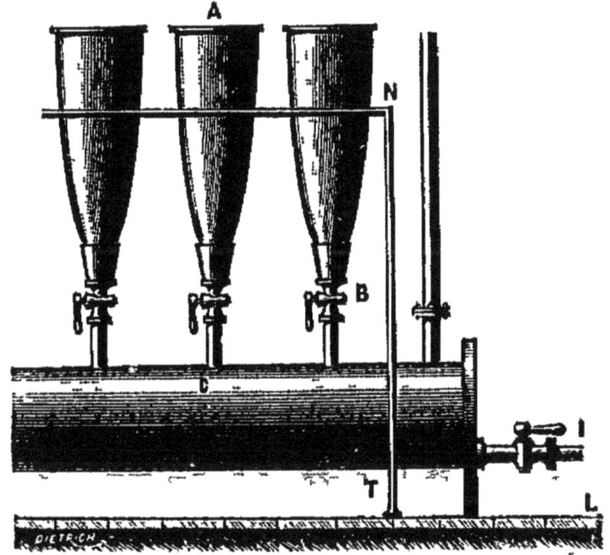

FIG. 33. — **Mise en forme du sucre raffiné.** — A, Formes destinées à recevoir les jus sucrés. — B, Robinets faisant communiquer les formes avec le récipient C dans lequel on fait le vide.

vent à faire de l'alcool; les vinasses fournissent à l'industrie une quantité considérable de sels de potassium.

Le *sucre candi* est du sucre cristallisé en gros cristaux; pour le préparer, on fait un sirop de sucre marquant 40° Baumé; ce sirop bouillant est placé dans des bassines en cuivre garnies de fils tendus et maintenues dans une étuve chauffée d'abord à 60° et dont on abaisse peu à peu la température; au bout de quelques jours la cristallisation est terminée.

177. ***Propriétés du sucre.*** — Le *sucre* cristallise en prismes obliques à base losange, très durs, et devenant phosphorescents lorsqu'on les brise dans l'obscurité : ils ont pour densité 1,595. Le sucre se dissout à 80° dans le quart de son poids d'eau; à froid, il se dissout dans la moitié de son poids d'eau et constitue le *sirop de sucre*. Il est insoluble dans l'alcool et dans l'éther, à froid. Il fond à 108°, en formant ce qu'on appelle le *sucre d'orge;* au-dessus de cette température, il perd de l'eau et se transforme en caramel, $C^{12}H^{18}O^{9}$; enfin, vers 200°, il perd toute son eau et laisse un résidu boursouflé de charbon amorphe, appelé *charbon de sucre*.

Les acides minéraux transforment le sucre en *sucre interverti*, c'est-à-dire en un mélange à poids égaux de glucose et de lévulose :

$$C^{12}H^{22}O^{11} + H^{2}O = C^{6}H^{12}O^{6}\ C^{6}H^{12}O^{6}.$$

Les *alcalis* sont sans action sur lui, même à 100°; cette propriété le distingue de la glucose.

Une dissolution de sucre dans l'eau dissout la chaux; la liqueur filtrée est incolore et transparente à froid; chauffée, elle se trouble et laisse déposer du *sucrate basique de chaux*, tandis qu'il reste dans la liqueur un sucrate de chaux plus riche en sucre. Par le refroidissement, la liqueur redevient limpide par suite de la réaction des deux sucrates l'un sur l'autre.

Le sucre se combine aussi avec le chlorure de sodium, et forme un composé difficilement cristallisable qui entraîne dans la mélasse 6 fois son poids de sucre. De là la nécessité d'éviter la culture de la betterave sur les bords de la mer.

Le sucre de canne peut fermenter en présence de la levûre de bière; mais il se transforme préalablement en sucre interverti, sous l'action d'une matière azotée contenue dans l'intérieur des cellules de la levûre et nommée *interverline* (**Berthelot**).

178. *Sirops et liqueurs.* — On appelle *sirop simple* une dissolution de sucre dans l'eau saturée à froid; le sirop simple est un liquide épais, blanc et transparent. Si on ajoute au sirop simple un jus de fruit quelconque (groseille, framboise, citron, etc.), on obtiendra les sirops ordinaires de groseille, de framboise, de citron, etc.

Si au sirop simple on ajoute une certaine quantité d'*alcool* et une essence aromatique quelconque, on obtient ce qu'on appelle une *liqueur* (anisette, curaçao, chartreuse, etc.). Dans les liqueurs la proportion d'alcool varie de 20 à 35 p. 100.

CHAPITRE VIII

AMIDON ET CELLULOSE

AMIDON

$C^6H^{10}O^5$.

179. *Amidon et fécule*, $C^6H^{10}O^5$. — On trouve dans les cellules des végétaux des grains blancs que l'on rencontre abondamment dans la plupart des tubercules et des racines, dans le grain de blé et dans les céréales; on donne à ces grains le nom de **fécule**, quand on les retire de la pomme de terre, et le nom d'**amidon**, quand on les extrait d'une graine.

L'amidon forme des grains microscopiques dont la longueur varie de 0mm,185 à 0mm,002 (*fig.* 34), et ressemblant à une série de sacs emboîtés les uns dans les autres, comme on peut le voir en chauffant des grains d'amidon vers 200° et en les imbibant ensuite d'eau; ils se gonflent et crèvent en prenant la forme indiquée par la figure (*fig.* 35).

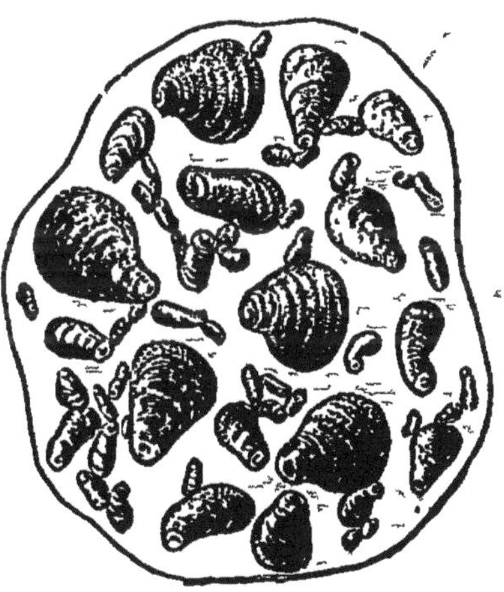

Fig. 34. — Grains d'amidon.

Chauffé au contact de l'eau vers 60°, l'amidon se gonfle sans se dissoudre; si la quantité d'eau est insuffisante, les globules se soudent et forment l'*empois d'amidon;* enfin, à l'ébullition, l'amidon, en présence d'une grande quantité d'eau, passe en partie à l'état d'*amidon soluble*, qui se colore en bleu en présence de l'iode. Cette réaction se produit aussi avec l'empois d'amidon : il se forme alors une coloration bleue très intense, qui disparaît sous l'action de la chaleur et apparaît de nouveau par le refroidissement.

Fig. 35. — Grain d'amidon gonflé.

L'amidon, bouilli avec des acides minéraux étendus, se transforme successivement en dextrine et en glucose. La même transformation a lieu sous l'action de la *diastase*, contenue dans le grain d'orge germée, ou sous l'action de la salive des animaux.

L'amidon bouilli avec un excès d'acide azotique se transforme en *acide oxalique*.

180. ***Préparation de la fécule.*** — Pour extraire la fécule des pommes de terre, on râpe celles-ci, on délaye la pulpe dans l'eau et on la lave sur un tamis à l'aide d'un filet d'eau : les débris cellulaires restent sur le tamis et les globules de fécule sont entraînés par l'eau et se déposent quand on abandonne la liqueur à elle-même. On sépare ensuite la fécule des débris de tissu cellulaire par un lessivage mécanique sur une table inclinée, en suivant les procédés analogues à ceux employés pour le traitement des minerais. Enfin, on essore la fécule en la plaçant sur des plaques poreuses de plâtre et on la *sèche*. La fécule, dite *fécule verte*, contient encore 45 p. 100 d'eau; on la dessèche ensuite dans une étuve à air chaud jusqu'à ce qu'elle ne renferme plus que 18 p. 100 d'eau.

181. ***Fabrication de l'amidon.*** — On retire l'amidon soit du grain de blé, soit du maïs ou du riz. Pour extraire l'amidon du grain de blé, on moud celui-ci et on sépare la *farine* du *son*. La farine renferme de l'amidon, de l'albumine et une matière azotée appelée *gluten*, avec des traces de dextrine, de sucre et de sels divers. Pour séparer l'amidon, on malaxe la farine sous un filet d'eau; le gluten reste aggloméré, tandis que les grains d'amidon sont entraînés par l'eau. L'amidon est ensuite placé dans des cuves avec quelques centimètres d'*eau sure* (eau provenant des opérations précédentes), qui provoque une fermentatation spéciale détruisant le gluten. Au bout de quelques jours, on lave de nouveau l'amidon à l'eau pure, on l'égoutte sur de la toile et on le sèche rapidement dans une étuve tiède; la masse desséchée subit un retrait et se divise en prismes irréguliers : c'est l'*amidon en aiguilles*.

On peut aussi soumettre directement la farine de blé à l'action des eaux sures : le gluten fermente et l'amidon reste inaltéré; ce procédé a l'inconvénient d'être très insalubre, par suite des gaz putrides que dégage la fermentation; en outre, tout le gluten est perdu.

Pour extraire l'amidon du riz ou du maïs, on traite la farine de riz ou de maïs par une solution de soude caustique au centième, qui dissout le gluten et laisse l'amidon intact.

182. ***Farine.*** — On appelle **farine** le produit de la mouture des grains de céréales, débarrassé de la partie corticale, appelée **son**, par un tamisage convenable.

La farine de blé est exclusivement employée pour la *panification*, parce qu'elle contient plus de gluten que les autres : le pain de qualité inférieure est fabriqué avec de la farine de blé mélangée à des farines d'orge et de seigle.

La farine est un mélange d'*amidon* et de *gluten*.

183. ***Gluten.*** — Le *gluten* est une matière plastique qui se gonfle par l'humidité, se ramollit et se putréfie : il constitue l'aliment azoté du pain. Les *blés durs* ou *blés exotiques* sont très riches en gluten : ils servent à la préparation des pâtes alimentaires (*vermicelle, macaroni, pâtes d'Italie*); les *blés tendres* ou *blés indigènes* sont plus riches en amidon.

184. ***Panification.*** — Le pain se fabrique en délayant la farine avec 60 p. 100 de son poids d'eau et en ajoutant à la masse un peu de levûre de bière et du sel. On peut aussi remplacer la levûre de bière par du *levain*, ou pâte levée, provenant d'une opération précédente. La pâte est pétrie, divisée en *pannetons* et abandonnée à la fermentation dans le voisinage du four. Elle subit alors un commencement de fermentation aux dépens des matières sucrées de la farine : il se forme du gaz carbonique qui fait lever la pâte et la rend poreuse et légère. On procède ensuite à l'*enfournement* dans des fours en briques de forme elliptique chauffés à 300°. La cuisson dure une demi-heure; le pain se gonfle par la dilatation du gaz carbonique; sa surface extérieure se durcit et se caramélise. Avec 100 kilogrammes de farine on fabrique 135 kilogrammes de pain.

185. ***Dextrine***, $(C^6H^{10}O^5)^2$. — La *dextrine* est le résultat de la transformation de l'amidon par la chaleur, par la diastase ou par les acides. On prépare la dextrine :

1° En soumettant l'amidon à une température comprise entre 160° et 210°.

2° En traitant l'amidon par l'acide sulfurique étendu chauffé à 80°.

3° Par le procédé **Payen** : on imbibe 1 000 kilogrammes

Fig. 36. — **Étuves à air chaud pour la préparation de la dextrine.** — L'amidon additionné d'eau et d'acide azotique se transforme peu à peu en dextrine sous l'action de la chaleur.

de fécule avec un mélange de 300 kilogrammes d'eau et de 2 kilogrammes d'acide azotique ordinaire. On sèche à l'air libre la pâte formée, puis on la dispose en couches minces dans une étuve à 120° (*fig.* 36). Au bout d'une heure la transformation de la fécule en dextrine est complète.

4° L'amidon peut encore être transformé en dextrine par l'action de l'orge germée qui agit sur lui par la diastase qu'elle renferme.

La *dextrine* est un corps solide, jaune, amorphe, soluble

dans l'eau avec laquelle elle forme une masse semblable à de la gomme. Elle est insoluble dans l'alcool concentré et dans l'éther.

Sous l'action prolongée des acides étendus, elle se transforme en glucose. Elle sert à remplacer la gomme dans les usages industriels, pour épaissir les mordants, imprimer les couleurs, encoller le papier, etc.

CELLULOSES

$n(C^6H^{10}O^5)$.

186. *État naturel.* — Les tissus végétaux sont formés par des principes dont la formule correspond à un multiple de $C^6H^{10}O^5$, et portant le nom de *celluloses*. Les jeunes cellules des végétaux, la moelle de sureau, le coton, la charpie, le papier non collé sont de la cellulose presque pure.

187. *Propriétés.* — La *cellulose* est un corps solide blanc, translucide, insoluble dans tous les liquides, excepté dans le *réactif de Schweitzer*, obtenu en attaquant le cuivre par l'ammoniaque en présence de l'air.

La *cellulose*, chauffée au-dessus de 200°, se décompose en laissant un résidu de charbon et en fournissant de l'eau, de l'esprit de bois, divers gaz et des goudrons.

L'acide sulfurique concentré et froid la transforme en amidon, puis en dextrine et enfin en glucose par une ébullition prolongée. L'acide sulfurique étendu de la moitié de son volume d'eau transforme le papier en une substance transparente semblable au parchemin et désignée sous le nom de *parchemin végétal*, employé par M. **Dubrunfaut** pour séparer le sucre des sels avec lesquels il est mélangé dans les mélasses.

188. *Celluloses nitriques. — Coton-poudre.* — On appelle **celluloses nitriques** les combinaisons obtenues en traitant la cellulose par l'acide azotique fumant très concentré et froid. Les celluloses nitriques dérivent de la cellulose par la substitution du radical AzO^4 à l'hydrogène. Ainsi, par exemple, le coton-poudre a pour formule :

$$C^6H^7(AzO^4)^3O^5.$$

Les deux principales *celluloses nitriques* sont le *coton-poudre* et le *coton azotique* pour collodion.

Le *coton-poudre* est une matière explosible que l'on prépare de la manière suivante : on mélange des poids égaux d'acide azotique fumant et d'acide sulfurique; on laisse refroidir le mélange et on y plonge pendant 15 minutes du coton cardé; on lave ensuite le coton à grande eau et on le fait sécher.

Le coton-poudre conserve l'aspect du coton, mais il est plus rude au toucher : il s'enflamme à 120° et brûle sans résidu en produisant de la vapeur d'eau, de l'anhydride carbonique, de l'oxyde de carbone et de l'azote. La rapidité de la combustion dépend du procédé d'inflammation; le meilleur procédé consiste à faire détoner le coton-poudre au moyen d'une capsule de fulminate de mercure : en employant des cartouches de coton-poudre comprimé, on obtient des effets mécaniques cinq fois plus puissants qu'avec la poudre ordinaire.

Le coton-poudre ne peut pas remplacer la poudre de guerre, parce qu'il est *trop brisant;* mais il est excellent pour les travaux des mines et pour les torpilles.

189. ***Coton azotique pour collodion.*** — Le *coton azotique* s'obtient en plongeant, par petites portions, 55 grammes de coton cardé dans un mélange de 1 000 grammes d'acide sulfurique et de 500 grammes d'acide azotique ordinaire saturé de vapeurs nitreuses. Au bout de vingt-quatre heures on enlève le coton, on l'exprime entre des baguettes de verre, on le lave à grande eau et on le fait sécher à l'air libre.

Le *produit* ainsi obtenu est soluble dans un mélange de 3 parties d'éther et de 1 partie d'alcool : la solution porte le nom de *collodion,* liquide sirupeux employé en médecine et en photographie. Versé en couche mince sur une surface plane, le collodion s'évapore rapidement et laisse pour résidu une pellicule transparente, assez solide, imperméable à l'air et adhérente à la surface sur laquelle elle a été déposée.

190. ***Celluloïd.*** — Le *celluloïd* est un simple mélange de coton-poudre et de camphre. Pour l'obtenir, on mélange des solutions de camphre dans l'éther et de coton-poudre dans l'alcool et l'éther. On chauffe à la vapeur d'eau surchauffée, pour chasser l'alcool et l'éther, sans risquer d'enflammer tous ces produits, qui sont très inflammables, et par suite très dangereux à manier, et finalement on comprime le résidu. Le celluloïd, purifié par le contact prolongé de l'alcool, est ensuite laminé au moyen de cylindres chauffés à la vapeur.

Le celluloïd est solide, blanc, translucide, assez dur et élastique. Il se dissout dans le mélange d'alcool et d'éther. A 80° il se ramollit et peut être moulé. Chauffé à l'air, il s'enflamme facilement et brûle avec une flamme très éclairante.

On utilise le celluloïd pour fabriquer des objets divers, tels que porte-plumes, peignes, billes de billard.

Mélangé d'huile, il prend de la souplesse et sert à fabriquer le linge artificiel, dit *linge américain*, avec lequel on fait des faux-cols et des manchettes.

Le principal inconvénient de l'emploi du celluloïd est sa trop facile inflammabilité.

191. ***Fabrication du papier.*** — Le *papier* se fabrique avec de vieux chiffons ou avec diverses matières végétales riches en cellulose. Les chiffons lavés avec de l'eau alcaline, puis avec de l'eau pure, sont *effilochés*, c'est-à-dire divisés mécaniquement à l'aide d'un cylindre armé de lames. A l'effilochage succède le *blanchiment* par le chlorure de chaux ou par le chlore gazeux. Le résultat de ces opérations diverses est une *pâte* bien homogène appelée *pâte à papier*.

192. ***Papier à la mécanique.*** — On prépare la pâte à papier, puis on la colle dans toute sa masse avec un mélange d'empois d'amidon et d'alun. La pâte à papier, versée sur une toile métallique sans fin, passe entre les cylindres de laminoirs successifs en carton, en bois et en cuivre ; ces derniers sont chauffés à la vapeur pour dessécher complètement le papier. On pourrait préparer de même le papier non collé : il suffit de ne pas mélanger à la pâte l'amidon et l'alun.

193. ***Bois injectés.*** — On appelle *bois* le tissu qui forme la partie sous-corticale des troncs, des branches et des racines des végétaux arborescents. On y trouve du tissu cellulaire, du tissu fibreux, des vaisseaux. La *cellulose* est le principe immédiat du bois. Avec le temps, et par l'action de l'air humide, le bois se consume lentement et se convertit en une masse friable, appelée *terreau* ; la décomposition est encore activée par les insectes et par les végétaux inférieurs qui se développent aux dépens des matières azotées qui accompagnent la cellulose. On rend le bois *imputrescible* en faisant pénétrer dans les tissus des liquides *antiseptiques* qui le rendent vénéneux. Les substances *antiseptiques* employées sont les dissolutions de *pyrolignite de fer*, *sulfate de cuivre*, *chlorure de zinc*, *sublimé corrosif*, le *goudron*, etc. On peut aussi employer les huiles lourdes provenant de la distillation de la houille.

L'injection du liquide antiseptique s'effectue généralement par pression.

Les bois injectés servent à faire les poteaux télégraphiques, les traverses de chemin de fer, les blocs pour le pavage en bois, etc.

CHAPITRE IX

PHÉNOL ET ANILINE

194. ***Phénol***, **$C^6H^5(OH)$**. — Le **phénol** est un corps à fonction mixte : c'est un *alcool* et un *acide;* aussi, il est souvent appelé *acide phénique*. Il est *alcool* en ce sens qu'il fournit des éthers avec les acides et qu'il réagit sur l'ammoniaque comme les alcools monoatomiques; son radical est le **phényle, C^6H^5**; il est *acide*, parce qu'il réagit sur les alcalis pour former des *phénates*, corps cristallisables et bien définis.

195. ***Préparation du phénol.*** — On distille le goudron de houille et on sépare les produits qui sont volatils entre 150° et 200°. Ces produits sont chauffés avec une lessive de soude concentrée; après refroidissement, on obtient un produit cristallin demi-solide, que l'on sépare et que l'on redissout dans l'eau bouillante en agitant fortement. On laisse reposer la liqueur, on la décante et on traite la solution aqueuse claire par l'acide sulfurique ou l'acide chlorhydrique; après quelques heures de repos, il se forme à la surface une couche liquide qui est du *phénol brut*. On le recueille, on le purifie par plusieurs distillations successives entre 185° et 195°, et enfin on l'abandonne à la cristallisation à basse température.

196. ***Propriétés du phénol.*** — Le **phénol** est un corps solide, incolore, d'une odeur particulière, d'une saveur brûlante, cristallisé en belles aiguilles, fondant à 42°, bouillant à 182°, ayant pour densité 1,065 à l'état solide. Il est très peu soluble dans l'eau; cependant il absorbe la vapeur d'eau de l'atmosphère et conserve une consistance oléagineuse; il est soluble dans l'alcool et dans l'éther.

Traité par l'acide azotique, il fournit l'*acide picrique*, ou *trinitrophénol*, employé en teinture.

Le **phénol** est un caustique. Il coagule l'albumine, ce qui en fait un *désinfectant* très employé aujourd'hui.

Le phénol est un *antiseptique;* il sert à stériliser les instruments de chirurgie, soit par un lavage à la solution phénique, soit par pulvérisation, etc. Pour les opérations chirurgicales, on entoure le malade de phénol pulvérisé à l'aide d'un vaporisateur; les linges de pansement sont également stérilisés ainsi que les instruments.

197. ***Hydroquinone***, **$C^6H^4(OH)^2$**. — L'*hydroquinone* est un phénol diatomique, employé en photographie, comme réducteur, pour réduire le sel d'argent des plaques photographiques.

198. ***Pyrogallol***, **$C^6H^3(OH)^3$**. — Le *pyrogallol* est un phénol diatomique, employé pour absorber l'oxygène en présence de la potasse et comme révélateur en photographie.

199. ***Acide picrique***, **$C^6H^2(AzO^2)^3(OH)$**. — Quand on chauffe un mélange d'acide azotique et de phénol jusqu'à disparition des vapeurs rutilantes, la liqueur abandonne par refroidissement des cristaux jaunes que l'on purifie par plusieurs cristallisations successives.

L'*acide picrique* cristallise en lamelles d'un jaune citron, d'une saveur amère, solubles dans 165 fois leur poids d'eau, en donnant une liqueur d'un beau jaune employée pour teindre la laine et la soie.

L'acide picrique forme des sels, appelés *picrates*, dont le plus important est le picrate de potasse, $C^6H^2(AzO^2)^3(OK)$, soluble dans 250 fois son poids d'eau froide.

L'acide picrique et les picrates détonent violemment par la chaleur; en les mélangeant à du salpêtre ou à du chlorate de potassium, on obtient des poudres détonantes très dangereuses à manier.

L'acide picrique est employé en teinture pour teindre en jaune; la solution aqueuse d'acide picrique est un excellent *topique* pour le pansement des brûlures.

ANILINE

$$Az\left|\begin{array}{l}H\\H\\C^6H^5\end{array}\right.$$

200. *Amines.* — On appelle amines des corps dérivés de l'ammoniaque par substitution à l'hydrogène de l'ammoniaque du radical d'un alcool monoatomique ou du phénol ordinaire. On obtient alors un amine *primaire*, *secondaire* ou *tertiaire* suivant le nombre des atomes d'hydrogène remplacés. Ainsi, par exemple, l'alcool ordinaire donne trois amines :

$$Az\left|\begin{array}{l}H\\H\\C^2H^5\end{array}\right. \qquad Az\left|\begin{array}{l}H\\C^2H^5\\C^2H^5\end{array}\right. \qquad Az\left|\begin{array}{l}C^2H^5\\C^2H^5\\C^2H^5\end{array}\right.$$

L'une des amines les plus importantes est la *méthylamine tertiaire*, que l'on extrait de vinasses de betteraves et qui sert à préparer le chlorure de méthyle.

Le *phénol* donnerait aussi trois amines appelées *phénylamines primaire*, *secondaire* et *tertiaire;* la plus importante est l'*aniline* ou *phénylamine*.

Les amines sont aussi appelées des ammoniaques composées ou des alcalis artificiels à cause de leurs analogies avec l'ammoniaque.

201. *Aniline*, $AzH^2(C^6H^5)$. — L'aniline se prépare en chauffant un mélange de *nitrobenzine*, d'acide acétique et de limaille de fer; l'hydrogène qui se produit réduit la nitrobenzine :

$$C^6H^5(AzO^2) + 3H^2 = AzH^2(C^6H^5) + 2H^2O.$$

Nitrobenzine. Aniline.

On introduit dans une cornue tubulée 10 parties d'acide acétique, 12 parties de limaille de fer et 10 parties de nitrobenzine. La réaction s'accomplit d'elle-même et devient tumultueuse; une partie de l'aniline distille; on cohobe, quand la réaction est devenue plus calme, et on distille en chauffant légèrement; on recueille dans le réfrigérant un mélange d'eau et d'aniline; l'aniline surnage; on la sépare par décantation.

L'aniline se forme encore dans la distillation de la houille et dans la décomposition de l'indigo.

202. ***Propriétés de l'aniline.*** — L'aniline est un liquide huileux, incolore, d'une odeur particulière vineuse et désagréable ayant pour densité 1,03. Elle cristallise à — 8° et elle bout à 183°,7; elle est insoluble dans l'eau, et elle peut se mélanger à l'alcool et à l'éther.

Traitée par l'acide azotique concentré, elle se colore en *bleu foncé*. Le chlorure de chaux l'oxyde en la transformant en une matière colorante d'un beau violet, appelée *mauvéine, violet de Perkins;* la *rosaniline* est un produit d'oxydation de l'aniline.

L'aniline peut réagir sur les acides pour former des sels d'aniline, analogues aux sels ammoniacaux.

L'aniline est le point de départ d'un grand nombre de matières colorantes employées dans l'industrie.

L'aniline peut former des amines secondaires et tertiaires en faisant réagir le chlorhydrate d'aniline sur un excès d'aniline : ce sont la *diphénylamine* $AzH(C^6H^5)^2$ et la *triphénylamine* $Az(C^6H^5)^3$.

Les éthers iodhydriques des divers alcools, en réagissant sur l'aniline en vase clos, forment des amines secondaires ou tertiaires, telles que la méthylaniline, la diméthylaniline, employées industriellement pour fabriquer les couleurs d'aniline.

203. ***Anilines lourdes.*** — Le **benzol** du commerce est un mélange de benzène et de toluène; le benzol traité par l'acide azotique donne de la nitrobenzine et du nitroto-

luène; ce mélange, traité par l'acide azotique et la limaille de fer, donne un mélange d'aniline et de toluidine qu'on appelle les *anilines lourdes* de l'industrie. Les anilines lourdes, traitées par des réactifs spéciaux, donnent des matières colorantes très importantes appelées *couleurs d'aniline*.

204. *Rosaniline*, $C^{20}H^{19}Az^3$. — La rosaniline s'obtient par oxydation des anilines lourdes :

$$\underset{\text{Aniline.}}{C^6H^7Az} + \underset{\text{Toluidine.}}{2C^7H^9Az} + 3\,O = \underset{\text{Rosaniline.}}{C^{20}H^{19}Az^3} + 3H^2O.$$

La *rosaniline* réagit sur l'acide chlorhydrique pour former le *chlorhydrate de rosaniline* ou **fuchsine**. La rosaniline joue un grand rôle dans la fabrication des couleurs d'aniline.

205. *Fuchsine*. — La fuschine, ou *rouge d'aniline*, est la première matière colorante que l'on ait préparée au moyen de l'aniline.

Pour l'obtenir, on chauffe vers 200° et pendant plusieurs heures, un mélange d'anilines lourdes et d'anhydride arsénieux, dissous dans l'eau. Quand la réaction est terminée, on ajoute une solution d'acide chlorhydrique, puis une solution de chlorure de sodium, qui précipite la fuchsine. On purifie la fuschine en la lavant à l'eau chaude et en la faisant cristalliser.

On obtient ainsi des paillettes cristallines vertes, à reflets dorés, qui se dissolvent dans l'eau en donnant une solution d'un beau rouge, connu sous le nom de *rouge Magenta*, ou *rouge Solferino*.

206. *Couleurs d'aniline*. — En faisant agir sur l'aniline et sur la rosaniline certains réactifs minéraux, tels que le dichromate de potassium, le chlorure de chaux, l'anhydride arsénique, etc., on dérive de l'aniline un grand nombre de produits tinctoriaux, cristallisables, solubles dans l'eau, connus sous le nom de *couleurs d'aniline*.

Les principales *couleurs d'aniline* sont les suivantes :

1° *Violets d'aniline :*

Violet de mauvéine.
Violet de Williams.
Violet de Paris.
Violet de mauvaniline.

2° *Rouges d'aniline :*

Rouge d'aniline, rosaniline ou fuchsine.
Rouge de toluène.

3° *Couleurs de rosaniline :*

Violet à l'aldéhyde.
Violet impérial.
Violet de méthylrosaniline.
Bleu de Lyon ou bleu de fuchsine.
Bleu de toluidine.
Bleu de diphénylamine.
Vert d'aniline.
Noir d'aniline.
Jaunes d'aniline.
Bruns et marrons d'aniline.

CHAPITRE X

ALCALOÏDES USUELS. AMYGDALINE. — CAMPHRE

ALCALOÏDES

207. *Alcaloïdes.* — Les **alcaloïdes** sont des alcalis organiques naturels que l'on trouve dans les végétaux, notamment dans les Papavéracées, les Rubiacées, les Ombellifères, les Strychnées et les Solanées.

Ces alcaloïdes peuvent réagir sur les acides pour donner des sels solubles.

208. *Alcaloïdes des quinquinas.* — On donne le nom de *quinquinas* à l'écorce des arbres du genre *Cinchona* (*Rubiacées*), originaires de l'Amérique du Nord et croissant au milieu des forêts des Cordillères à une altitude moyenne de 2 000 mètres.

Les *quinquinas* se divisent en trois groupes : le *quinquina gris*, le *quinquina jaune* et le *quinquina rouge*, très riches en **quinine** et en **cinchonine**, *alcaloïdes fébrifuges*, employés en médecine à l'état de *sulfates*. Le quinquina gris est plus riche en cinchonine et le quinquina jaune renferme plus de quinine; le quinquina rouge renferme de la quinine et de la cinchonine en proportions inverses l'une de l'autre;

voici les quantités de quinine et de cinchonine contenues dans les divers genres de quinquinas :

	Quinine.	Cinchonine.	
Quinquina gris............	»	36gr,40	par kilog.
— jaune royal.....	28gr,0	»	—
— rouge supérieur.	26gr,5	15gr,10	—

Les quinquinas sont employés pour préparer des poudres, des extraits, des teintures, des sirops, des vins, des opiats. Le vin de quinquina est aujourd'hui très employé comme tonique. Pour le préparer on fait macérer pendant un jour 30 grammes de quinquina jaune dans 60 centimètres cubes de vieille eau-de-vie, puis on ajoute à la masse un litre de vin de Bordeaux ou de vin de Malaga et on laisse la macération se continuer pendant dix jours; on filtre ensuite.

209. ***Quinine***, $C^{20}H^{24}Az^2O^2 + 3H^2O$. — La *quinine cristallisée* constitue des cristaux très petits, incolores, fusibles à 75°, en perdant de l'eau et en se transformant en *quinine anhydre*, $C^{20}H^{24}Az^2O^2$, sous la forme caséeuse. La quinine est soluble dans 1670 fois son poids d'eau ainsi que dans son propre poids d'*éther*.

La quinine est une base très énergique; elle se combine avec les acides pour former des sels dont la plupart sont *fluorescents*. La quinine forme, avec l'acide sulfurique par exemple, un *sulfate neutre de quinine* et un *sulfate basique*.

210. ***Sulfate basique de quinine***. — Le sulfate basique de quinine est le seul sel de quinine employé en médecine. On le prépare au moyen du quinquina jaune, en traitant celui-ci par l'acide chlorhydrique; il se forme du *chlorhydrate de quinine*, que l'on transforme ensuite en *sulfate*.

Le *sulfate basique de quinine* est un sel blanc, cristallisé en aiguilles soyeuses, très peu soluble dans l'eau pure, mais très soluble dans l'eau aiguisée de quelques gouttes d'acide sulfurique; il est peu soluble dans l'alcool et insoluble dans l'éther et dans le chloroforme. Le sulfate basique de quinine et ses solutions sont très amères. On l'emploie comme fébrifuge ou comme antinerveux à une dose variant entre 25 centigrammes et 1 gramme. Il produit des bourdonnements dans les oreilles et des troubles dans la vision.

211. ***Cinchonine***, $C^{19}H^{22}Az^2O$. — La *cinchonine* cristallise en prismes rhomboïdaux droits anhydres, fusibles à 268°,8. Elle est presque insoluble dans l'eau, dans l'éther; mais elle est soluble dans le chloroforme. Elle forme des sels, dont les plus importants sont le sulfate et le chlorhydrate de cinchonine, plus solubles dans l'eau que les sels correspondants de quinine.

212. ***Alcaloïdes des papavéracées.*** — Le suc laiteux des capsules de pavot blanc desséché à l'air constitue ce que l'on appelle l'*opium*. On l'obtient en faisant des incisions sur les capsules encore vertes du pavot blanc (*fig.* 37); il en sort un suc laiteux qui se dessèche du jour au lendemain.

Fig. 37. — Capsules de pavot incisées d'où s'écoule l'opium.

L'opium renferme un certain nombre d'alcaloïdes combinés à divers acides, notamment à l'acide méconique; ce sont :

La *morphine*;
La *thébaïne*;
La *narcotine*;
La *papavérine*;
La *narcéine*;
La *codéine*.

L'opium, à faible dose, agit comme soporifique; à dose plus forte, il devient un poison narcotique. Le *laudanum de Sydenham* est une dissolution alcoolique d'opium additionnée de vin de Malaga et de safran; on l'emploie comme calmant et comme antidiarrhéique, à la dose de 6 à 10 gouttes dans une infusion chaude.

213. ***Morphine***, $C^{17}H^{19}AzO^3 + H^2O$. — La *morphine* cristallise en prismes rhomboïdaux droits, très peu solubles dans l'eau et facilement solubles dans l'alcool. C'est un narcotique ou *poison violent*. Elle forme des sels solubles dans l'eau, dont le plus important est le *chlorhydrate de* *morphine*, que l'on prépare en traitant la morphine par l'acide chlorhydrique très étendu.

214. ***Codéine.*** — La *codéine* existe dans l'opium ; on la retire des eaux mères qui ont servi à la préparation de la morphine ; les sels de codéine sont employés comme *narcotiques* et comme *calmants*.

215. ***Alcaloïdes des strychnées.*** — Les *strychnées*, telles que la noix vomique, la fève Saint-Ignace, contiennent deux alcaloïdes qui sont la *strychnine* et la *brucine*.

216. ***Strychnine.*** — On la retire de la noix vomique par le procédé général d'extraction des alcaloïdes. Elle cristallise en octaèdres droits à base rectangle presque insolubles dans l'eau et insolubles dans l'éther. Elle donne à l'eau une amertume extrême ; c'est un *poison* très violent qui amène la mort en produisant un accès de tétanos.

Elle forme des sels, dont le plus important est le *sulfate de strychnine*.

217. ***Brucine.*** — Elle s'extrait des eaux mères de la préparation de la strychnine. Elle cristallise en prismes obliques à base rhombe avec 8 équivalents d'eau de cristallisation, peu solubles dans l'eau, assez solubles dans l'alcool et insolubles dans l'éther. La brucine est fortement toxique, mais moins vénéneuse que la strychnine. Elle donne avec l'acide azotique concentré une coloration rouge caractéristique.

218. ***Alcaloïde du tabac : nicotine***, $C^{10}H^{14}Az^{2}$. — La *nicotine* s'extrait du *tabac*, en épuisant celui-ci par l'eau bouillante, et en reprenant l'extrait sirupeux obtenu par l'alcool qui dissout la nicotine. On évapore et on reprend le résidu par de nouvel alcool ; on ajoute ensuite à la liqueur concentrée de la potasse et de l'éther, qui dissout la nicotine mise en liberté par la potasse. La solution éthérée donne, avec l'acide oxalique, l'oxalate de nicotine. Ce sel, décomposé par la potasse, donne la nicotine, qu'on reprend par l'éther. On chasse ensuite l'éther au bain-marie, et on distille dans un courant de gaz hydrogène, en recueillant ce qui passe au-dessus de 180°.

Les tabacs qui contiennent beaucoup de nicotine sont employés pour le tabac en poudre ; les tabacs à fumer sont moins riches en nicotine.

219. ***Alcaloïdes divers.*** — On extrait de la racine de belladone un alcaloïde appelé *atropine*, dont le sulfate est employé en médecine pour dilater la pupille de l'œil (2 décigrammes de sulfate d'atropine dans 32 grammes d'eau). Elle est très toxique. L'*émétine* est l'alcaloïde des *Ipécacuanhas*, qui lui doivent leurs propriétés : l'ipéca est un vomitif très souvent employé.

La *cocaïne*, extraite des feuilles du *coca*, est un anesthésique local assez actif.

AMYGDALINE

222. ***Amygdaline.*** — Les *amandes amères*, soumises à l'action de la presse hydraulique, abandonnent une huile qu'on appelle l'*huile d'amandes douces* et laissent comme résidu un tourteau qui contient un glucoside appelé l'*amygdaline*. Cette amygdaline, sous l'action de l'eau, donne naissance à un corps très important qu'on appelle l'essence d'amandes amères ou l'*aldéhyde benzylique*.

221. ***Aldéhyde benzylique***, C^7H^6O. — L'*essence d'amandes amères*, ou **aldéhyde benzylique**, se prépare en concassant les amandes amères et en les pressant pour extraire l'huile grasse. Le tourteau pulvérisé est mis en digestion avec de l'eau pendant vingt-quatre heures, puis on distille dans un alambic; on recueille un mélange d'essence, d'eau et une proportion notable d'acide cyanhydrique. On se débarrasse de l'acide cyanhydrique en rectifiant l'essence sur un peu d'oxyde de mercure.

L'essence d'amandes amères est un liquide incolore, très réfringent, d'une odeur agréable, ayant pour densité 1,063, bouillant à 179°,5, très peu soluble dans l'eau, miscible à l'alcool et à l'éther.

CAMPHRE

222. ***Camphre***, $C^{10}H^{16}O$. — On extrait le camphre du *Laurus camphora*, qui croît en Chine et au Japon. Le bois, débité en petits fragments, est distillé avec de l'eau dans une cucurbite dont le chapiteau est garni de paille de riz. La vapeur d'eau entraîne le camphre, qui se sublime sur la paille en petits cristaux.

Le **camphre** est une substance incolore, transparente, élastique, ayant pour densité 0,986, fondant à 75° et bouillant à 204°. Il est très peu soluble dans l'eau, mais très soluble dans l'alcool, les éthers, les huiles grasses et volatiles.

Mélangé avec le coton-poudre, le camphre forme le *celluloïd*, masse homogène, plastique à chaud, très dure à froid, et assez employée aujourd'hui dans l'industrie.

Le camphre est employé comme *sédatif* et comme *antiseptique*. L'*eau-de-vie camphrée*, ou solution de camphre dans l'alcool, est utilisée en frictions contre les douleurs rhumatismales, les névralgies, etc.

L'*eau sédative* est un mélange d'alcool camphré, d'eau, d'ammoniaque et de sel marin, employé comme sédatif.

PROBLÈMES

1. Quel est le poids de sulfate de cuivre cristallisé qu'on peut obtenir avec 1 kilogramme de cuivre pur?

2. Quelle somme d'argent monnayé peut-on obtenir, au titre de 900 millièmes, avec l'argent provenant de 1 kilogramme d'argyrose pur?

3. Un minerai de fer pur est formé de limonite et de fer spathique. — Le minerai a fourni, au haut fourneau, 2 kilogrammes de fer pur pour 4 kilogrammes de minerai. — Quelle était la composition du minerai?

4. Un alliage d'or et d'argent, traité par l'acide azotique, a donné 212 grammes d'azotate d'argent. — Le même alliage, traité par l'eau régale, a donné 125 grammes de chlorure d'or anhydre. — Quelle est la composition de l'alliage?

5. Un mélange de méthane et d'acétylène a pour volume 100 cent. cubes; on fait détoner le mélange dans un eudiomètre avec un excès d'oxygène; on obtient 180 centimètres cubes d'anhydride carbonique. — Quelle est la composition du mélange?

6. On fait fermenter 100 grammes de glucose desséchée. Quel est le poids de l'alcool obtenu?

7. On fait détoner 100 grammes de nitroglycérine. Quelle est la composition du mélange gazeux obtenu?

8. On a un mélange de margarine et de stéarine pures. On le saponifie par la potasse. Quel est le poids de glycérine obtenu? Quel est la composition du savon formé, sachant que, dans le mélange, il y avait 300 grammes de margarine pour 500 grammes de stéarine.

9. Quel est le volume de gaz obtenu quand on fait détoner 100 grammes de coton-poudre ordinaire?

10. On donne 100 grammes d'amidon. Quel poids d'alcool peut-on obtenir en faisant fermenter le poids de glucose correspondant?

11. On décompose 10 grammes de sucre par la chaleur. Quel est le poids de charbon résidu?

12. On décompose par l'acide sulfurique 60 grammes d'acide oxalique cristallisé. Quels sont les volumes des gaz secs dégagés?

13. On veut préparer 100 litres de méthane. Quel est le poids d'acétate de sodium fondu que l'on doit décomposer?

14. On mélange 400 litres de chlore et 100 litres d'éthylène. — Quels sont les produits obtenus sous l'action de la lumière?

15. On introduit dans un eudiomètre 100 centimètres cubes d'un mélange de méthane, d'éthylène, d'hydrogène et d'azote; on y ajoute 200 centimètres cubes d'oxygène. Après le passage de l'étincelle, on a un résidu de 135 centimètres cubes dont 80 sont absorbables par la potasse et 45 par le phosphore à chaud. Quelle est la composition du mélange gazeux primitif?

16. On introduit dans un eudiomètre un certain volume d'éthylène. On y ajoute de l'oxygène et on fait passer l'étincelle électrique. On obtient 60 centimètres cubes de résidu. On fait passer dans l'eudiomètre une dissolution de potasse. Le nouveau résidu est de 20 centimètres cubes. Quel était le volume de l'éthylène primitivement introduit?

17. On oxyde un mélange de méthane et d'éthylène. On obtient 63 grammes d'eau et 110 grammes de gaz carbonique. Combien le mélange renfermait-il en poids de méthane et d'éthylène?

18. Dans un eudiomètre on introduit 100 centimètres cubes d'un mélange de méthane et d'éthylène et 500 centimètres cubes d'oxygène. Après le passage de l'étincelle électrique, on a un résidu de 400 centimètres cubes. On demande si ces données sont suffisantes pour déterminer la composition du mélange primitif.

19. Quel est le volume d'oxygène nécessaire pour brûler 100 litres de méthane mesurés à 20° sous la pression de 600 millimètres. Quel est le volume de gaz carbonique formé, mesuré à 10° sous la pression de 760 millimètres.

20. Quel est le volume d'alcool necessaire à la production de 20 litres d'éther ordinaire?

21. Quel poids de glycérine peut-on obtenir en saponifiant un mélange de 100 kilogrammes de stéarine et de 40 kilogrammes de margarine?

22. 100 kilogrammes de savon vert renferment 9,5 de potasse anhydre, 45,6 d'eau et 41 d'huile. Quel est le poids de savon obtenu en employant 16 kilogrammes de potasse caustique et quel est le poids de l'huile employée?

23. Quel est le volume d'oxyde de carbone obtenu en décomposant par la chaleur 100 grammes d'acide formique?

24. Quels sont les poids d'acide acétique et d'eau produits dans la fabrication du vinaigre au moyen de 100 litres de vin à 8 degrés centésimaux?

25. On chauffe à 170° 180 grammes d'acide oxalique. Quels sont les poids des trois produits formés?

26. On fait brûler 2 grammes d'alcool amylique dans 400 grammes d'air pur et sec. Déterminer la composition du mélange gazeux résultant de cette réaction.

27. On a un mélange de chlore, d'éthylène et d'oxyde azoteux occupant un volume de 100 centimètres cubes. On expose le tout à la lumière diffuse; le gaz se réduit à 40 centimètres cubes. On ajoute au résidu 40 centimètres cubes d'hydrogène; on expose de nouveau le mélange à la lumière diffuse; on obtient un nouveau résidu de 60 centimètres cubes. Quelle était la composition centésimale du mélange primitif.

28. On fait brûler 1 gramme de fulmi-coton. Quels sont les volumes des différents gaz obtenus?

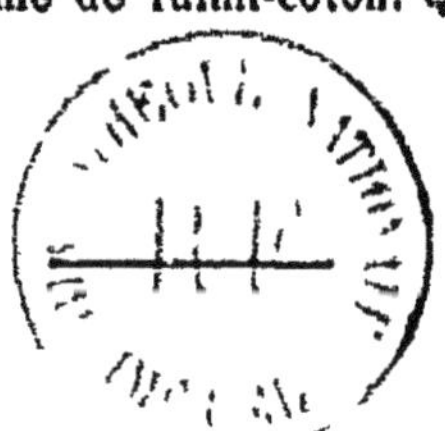

TABLE ANALYTIQUE

LIVRE PREMIER

MÉTAUX USUELS ET LEURS DÉRIVÉS

CHAPITRE PREMIER. — Fer, fontes, aciers.

CHAPITRE II. — Aluminium.

CHAPITRE III. — Argiles. Kaolin. Porcelaine.

CHAPITRE IV. — Cuivre.

LIVRE II

CHIMIE ORGANIQUE

Benzine.

Naphtaline.

Carbures d'hydrogène divers.

CHAPITRE III. — Alcools.

Alcool méthylique.

Alcool éthylique.

Fermentations.

Boissons fermentées.

CHAPITRE IV. — Éthers.

Éthers-sels.

CHAPITRE V. — Glycérine et corps gras.

CHAPITRE VI. — Acides gras.

Savons et bougies.

CHAPITRE VII. — Principes sucrés.

Sucre de canne.

CHAPITRE VIII. — Amidon et cellulose.

Celluloses

CHAPITRE IX. — Phénol et aniline.

Aniline.

CHAPITRE X. — Alcaloïdes usuels. — Amygdaline. — Camphre.

Alcaloïdes.

Amygdaline.

Camphre.

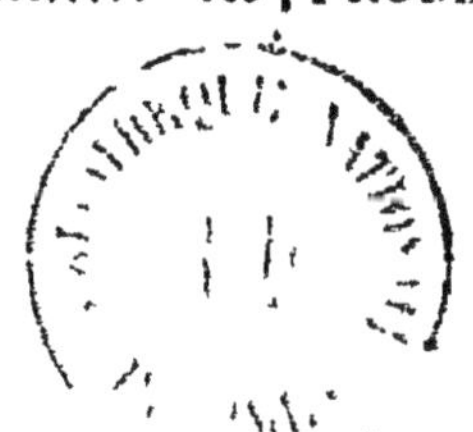

266-03. — Coulommiers. Imp. PAUL BRODARD. — 4-03.

www.ingramcontent.com/pod-product-compliance
Ingram Content Group UK Ltd.
Pitfield, Milton Keynes, MK11 3LW, UK
UKHW021043230726
13926UKWH00004B/1626